edition suhrkamp 2671

Seit 1981 versammeln die Bände der Reihe *Kleine Politische Schriften* Analysen, Stellungnahmen und Zeitdiagnosen Jürgen Habermas'. Titel wie *Die Neue Unübersichtlichkeit* sind längst in den allgemeinen Sprachgebrauch übergegangen. Im titelgebenden Aufsatz dieser Folge knüpft Habermas an seine viel beachteten europapolitischen Interventionen der letzten Jahre an. Angesichts der Gefahr, dass technokratische Eliten die Macht übernehmen und die Demokratie auf Marktkonformität zurechtstutzen könnten, plädiert er für grenzüberschreitende Solidarität. Neben Habermas' hoch aktueller Heine-Preis-Rede enthält der Band Porträts von Denkern wie Martin Buber, Jan Philipp Reemtsma und Ralf Dahrendorf sowie einen Aufsatz, in dem der Philosoph sich mit der prägenden Rolle jüdischer Remigranten nach dem Zweiten Weltkrieg auseinandersetzt. Mit Band XII beschließt der Autor eine Buchreihe, die kaleidoskopisch Grundzüge einer intellektuellen Geschichte der Bundesrepublik widerspiegelt.

Jürgen Habermas, geboren 1929, ist Professor em. für Philosophie an der Johann Wolfgang Goethe-Universität Frankfurt am Main. Im Suhrkamp Verlag erschienen zuletzt: *Nachmetaphysische Schriften II. Aufsätze und Repliken* (2012) sowie *Zur Verfassung Europas. Ein Essay* (2011).

Jürgen Habermas
Im Sog der Technokratie

Kleine Politische Schriften XII

Suhrkamp

2. Auflage 2013

Erste Auflage 2013
edition suhrkamp 2671
Originalausgabe
© Suhrkamp Verlag Berlin 2013
Alle Rechte vorbehalten, insbesondere das
der Übersetzung, des öffentlichen Vortrags sowie der
Übertragung durch Rundfunk und Fernsehen,
auch einzelner Teile.
Kein Teil des Werkes darf in irgendeiner Form
(durch Fotografie, Mikrofilm oder andere Verfahren)
ohne schriftliche Genehmigung des Verlages reproduziert
oder unter Verwendung elektronischer Systeme verarbeitet,
vervielfältigt oder verbreitet werden.
Satz: Hümmer GmbH, Waldbüttelbrunn
Druck: Druckhaus Nomos, Sinzheim
Umschlag gestaltet nach einem Konzept
von Willy Fleckhaus: Rolf Staudt
Printed in Germany
ISBN 978-3-518-12671-4

Inhalt

Vorwort 7

I. Deutsche Juden, Deutsche und Juden

1. Jüdische Philosophen und Soziologen als Rückkehrer in der frühen Bundesrepublik. Eine Erinnerung 13
2. Martin Buber – Dialogphilosophie im zeitgeschichtlichen Kontext 27
3. Zeitgenosse Heine: »Es gibt jetzt in Europa keine Nationen mehr.« 47

II. Im Sog der Technokratie

4. Stichworte zu einer Diskurstheorie des Rechts und des demokratischen Rechtsstaates 67
5. Im Sog der Technokratie. Ein Plädoyer für europäische Solidarität 82

III. Europäische Zustände. Fortgesetzte Interventionen

6. Der nächste Schritt. Ein Interview 115
7. Das Dilemma der politischen Parteien 125
8. Drei Gründe für »Mehr Europa« 132
9. Demokratie oder Kapitalismus? 138

IV. Momentaufnahmen

10. Rationalität aus Leidenschaft. Ralf Dahrendorf zum 80. Geburtstag 161
11. Bohrungen an der Quelle des objektiven Geistes. Hegel-Preis für Michael Tomasello 166
12. »Wie konnte es dazu kommen?« Eine Antwort von Jan Philipp Reemtsma 174

13. Kenichi Mishima im interkulturellen Diskurs 180
14. Aus naher Entfernung.
    Ein Dank an die Stadt München 187

Nachweise 194

Vorwort

Die Nummer XII der *Kleinen Politischen Schriften* gibt Anlass zu einem kurzen Rückblick auf das Genre der in dieser Reihe versammelten Texte. Die ersten Beiträge stammen aus der zweiten Hälfte der fünfziger Jahre, während die Reihe selbst erst 1980 begann. Der erste, vier Nummern zusammenfassende Band[1] enthielt Analysen, Stellungnahmen, Reflexionen und Zeitdiagnosen, die ich während der zweieinhalb vorangehenden Jahrzehnte im Zusammenhang mit Hochschulreform, Protestbewegung und Tendenzwende veröffentlicht hatte. Diese Retrospektive diente einem anderen Zweck als die sieben weiteren Bände, die seitdem einzeln im Abstand von jeweils einigen Jahren erschienen sind. Die kommentarlose Wiedervorlage von Publikationen aus früheren Jahren hatte einen apologetischen Sinn; ich wollte mich damit gegenüber Insinuationen, die im aufgeheizten akademischen Klima der siebziger Jahr kursierten, rechtfertigen. Überdies wollte ich mit der Wahl des Reihentitels eine Rollentrennung markieren – die Trennung der »Eingriffe« eines Intellektuellen von der wissenschaftlichen Arbeit des Professors. Ich habe diese Publikationsstrategie in den folgenden Jahrzehnten konsequent fortzusetzen versucht – wenn auch ohne den beabsichtigten Erfolg. Dieser Umstand mag ein allgemeines Problem berühren: Weil wissenschaftliche Professionen jene Rollentrennung nicht akzeptieren, scheuen Wissenschaftler den Preis für ein parteinehmendes öffentliches Engagement und betätigen sich lieber, wenn sie praktisch wirken möchten, in der – durchaus unverächtlichen – Beraterrolle des Experten.

»Das Dutzend voll machen« – das ist normalerweise ein Ausdruck des Aufatmens beim Abschluss eines Vorhabens. In meinem Fall mag vom Beendigen, aber nicht vom aufatmenden Abschließen die Rede sein. Diese Art Praxis öffentlicher Beläsi-

---

[1] Jürgen Habermas, *Kleine Politische Schriften I-IV*, Frankfurt am Main: Suhrkamp 1981.

gung hat nämlich kein Ziel; sie erschöpft sich in dem Versuch der uneingeladenen argumentativen Beihilfe zum fortlaufenden Prozess der öffentlichen Meinungsbildung.

In der feuilletonistischen Vielfalt der Beiträge zu den *Kleinen Politischen Schriften* bilden die Aktualität der aufgegriffenen Themen und die öffentliche Präsenz der vorgestellten Zeitgenossen den roten Faden. Dabei wechselt das Textgenre mit den Anlässen. Das Spektrum reicht von Diskussionsbeiträgen und Interviews über Lob-, Jubiläums- und Preisreden bis zu Rezensionen, Vorlesungen und philosophischen oder gesellschaftstheoretischen Zeitdiagnosen, bis zu Beiträgen also, die sich von meinen wissenschaftlichen Arbeiten nicht im Stil unterscheiden und nur wegen des Bezugs zu einem aktuellen Thema an dieser Stelle erscheinen.[2] Zwei Aufsatzsammlungen ähnlichen Charakters habe ich wegen des wissenschaftlichen Anspruchs der titelgebenden Abhandlungen zwar in der edition suhrkamp veröffentlicht, aber nicht in die Reihe der *Kleinen Politischen Schriften* aufgenommen.[3]

Dank einer gewissen Fixierung des Blicks auf die nationale Bühne spiegelt die Reihe im Ganzen prägnante Züge des letzten halben Jahrhunderts bundesrepublikanischer Mentalitätsgeschich-

---

2 Bei manchen Aufsätzen bedaure ich, dass sie wegen des publizistischen Ortes keinen Eingang in die üblichen wissenschaftlichen Diskurse gefunden haben. Das betrifft nicht nur die Aufsätze, die ich in die Studienausgabe (*Philosophische Texte. Studienausgabe in fünf Bänden*, Frankfurt am Main: Suhrkamp 2009) aufgenommen habe (siehe *Philosophische Texte*, Bd. 1/7; Bd. 3/3; Bd. 4/3, 5 und 10; Bd. 5/12.). Das gilt beispielsweise auch für die Aufsätze »Umgangssprache, Bildungssprache, Wissenschaftssprache« (*Kleine Politische Schriften I-IV*, S. 340-363), für die Klärung des Begriffs »Ziviler Ungehorsam« (*KPS V*, S. 79-99), für die Interpretation von Heinrich Heines Intellektuellenrolle (*KPS VI*, S. 25-54), für die Ausführungen zum Verfassungspatriotismus in »Grenzen des Neohistorismus« (*KPS VII*, S. 149-156), zu Symbol und Ritus (»Symbolischer Ausdruck und rituelles Verhalten«, *KPS IX*, S. 63-81), zu Fragen einer europäischen Identität »Ist die Herausbildung einer europäischen Identität nötig und ist sie möglich?«, *KPS X*, S. 68-82), und zur Europapolitik im Allgemeinen (»Braucht Europa eine Verfassung?«, *KPS IX*, S. 104-129; »Europapolitik in der Sackgasse. Plädoyer für eine Politik der abgestuften Integration«, *KPS XI*, S. 96-127).

3 Jürgen Habermas, *Die Postnationale Konstellation*, Frankfurt am Main: Suhrkamp 1998; ders., *Zur Verfassung Europas. Ein Essay*, Berlin: Suhrkamp 2011.

te. Den Basso continuo bildet der Streit um das normative Selbstverständnis zunächst der alten, dann der erweiterten Bundesrepublik. Jeder einzelne Band kreist um ein spezielles, aus dem tagesaktuellen Bezug gewonnenes Thema. Die Folge dieser Themen beginnt mit der Hochschulreform der fünfziger und sechziger Jahre und mit jenem weit in die siebziger Jahre hineinreichenden Gegeneinander von Protestbewegung und Tendenzwende, das ein sarkastischer Herbert Marcuse als Konterrevolution und Revolte beschrieben hat.[4] Es folgen die achtziger Jahre mit dem gewaltlosen Widerstand der ökologischen Jugendbewegung, der Wiederkehr von überwunden geglaubten Fragen der nationalen Identität und dem sogenannten Historikerstreit. Die historische Wasserscheide der nachholenden Revolution von 1989/90 löst eine narzisstische Rückwendung der Nation auf ihre »doppelte Vergangenheit« aus, ebenso Auseinandersetzungen über die Defizite des Vereinigungsprozesses. Die geöffneten Grenzen mit der Folge von Migrationsströmen und brennenden Asylantenheimen nötigen zur Revision der schon längst gegen die Fakten behaupteten Parole »Wir sind kein Einwanderungsland«.[5]

Im Rahmen der neuen Berliner Republik tauchen alte Wünsche nach einer »Normalisierung« der deutschen Verhältnisse wieder auf. Gleichzeitig bescheren die veränderte weltpolitische Lage und die einsetzende Globalisierung der Wirtschaft dem größeren Deutschland im relativ zu den aufsteigenden Mächten kleiner werdenden Europa einen erweiterten Handlungsspielraum. Plötzlich müssen überraschte Bundesregierungen eigene Positionen beziehen, sowohl innerhalb Europas als auch in der Konkurrenz der Weltmächte. Diese Probleme spitzen sich während des letzten Dezenniums zu. Nach dem 11. September 2001 lösen der Irakkrieg und die Spaltung des Westens eine Debatte

---

4 Herbert Marcuse, *Konterrevolution und Revolte* [1972], Frankfurt am Main: Suhrkamp 1988.
5 Vgl. dazu auch Jürgen Habermas, *Vergangenheit als Zukunft – Das alte Deutschland im neuen Europa?*, München: Piper 1993.

aus, die Fragen einer neuen politischen Weltordnung mit Fragen der europäischen Einigung und des nationalen Selbstverständnisses verknüpft. In der Folge der auf die Realwirtschaft durchschlagenden Banken- und Staatsschuldenkrise verschlingt sich heute die Frage der Reformierbarkeit eines von der Finanzmarktdynamik getriebenen Kapitalismus mit der Herausforderung, den qualitativ neuen Schritt zu einem politisch geeinten Kerneuropa zu tun. Dieser Umstand erklärt, warum ich die europäischen Dinge, die mich seit der Wiedervereinigung umtreiben,[6] nun – nach *Ach, Europa* – auch in diesem voraussichtlich letzten Band der *Kleinen Politischen Schriften* weiterverfolge.

Wie üblich wird dieses aktuelle, in den Abschnitten II und III behandelte Thema durch allgemeinere, über die Tagesaktualität hinausreichende Beiträge ergänzt. Die ersten drei Texte nehmen mit dem Verhältnis von Juden und Deutschen ein Thema auf, das den empfindlichsten Nerv unseres politischen Selbstverständnisses berührt, während Abschnitt IV die Reihe der Dank- und Lobreden, vor allem die bei solchen Gelegenheiten entstandenen Momentaufnahmen von Freunden und Kollegen fortsetzt.

Auch diesem Band ist die kenntnisreiche, sensible und sorgfältige Lektorenarbeit von Heinrich Geiselberger zugutegekommen. Dieser Umstand weckt mein schlechtes Gewissen. Hiermit möchte ich endlich den Dank nachholen, den ich, nachdem mein erster Band in der edition suhrkamp vor 45 Jahren erschienen ist, ihm und seinen Vorgängern Raimund Fellinger und Günther Busch schulde.

Starnberg, im April 2013 *Jürgen Habermas*

---

6 Jürgen Habermas, »Staatsbürgerschaft und nationale Identität« [1990], in: ders., *Faktizität und Geltung. Beiträge zur Diskurstheorie des Rechts und des demokratischen Rechtsstaats*, Frankfurt am Main: Suhrkamp 1992, S. 632-660, S. 643 ff.

I.
Deutsche Juden, Deutsche und Juden

I.

Jüdische Philosophen und Soziologen als Rückkehrer in der frühen Bundesrepublik
Eine Erinnerung[1]

Ich kann bei dieser Gelegenheit keinen Beitrag zur Exilforschung leisten, sondern nur aus der unsicheren Perspektive des Zeitzeugen einige Erinnerungen sortieren. Jüdische Emigranten sind nach der Rückkehr in die Heimat, die sie verstoßen hatte, für eine jüngere Generation zu unersetzlichen Lehrern geworden. Gershom Scholems schmerzliche Feststellung, dass die sogenannte »deutsch-jüdische Symbiose« von Anbeginn eine Mesalliance gewesen ist, trifft soziologisch und politisch zu; sie beleuchtet eine immer wieder verleugnete Asymmetrie im Geben und Nehmen beider Seiten. Eine solche Asymmetrie setzt sich auch in meinen Zeilen fort; ich spreche nämlich aus der Perspektive des Nutznießers, ohne auf die Erfahrungen der Rückkehrer selbst einzugehen, die sich im Klima eines teils feindseligen Ressentiments, teils betreten-kommunikativen Beschweigens des wenige Jahre zurückliegenden Massenmordes zurechtfinden mussten.[2]

Juden haben allerdings seit den Tagen Moses Mendelssohns in der deutschen Philosophie eine so unvergleichliche Kreativität entfaltet, dass die Anteile der einen und der anderen Seite im objektiven *Geist* selbst verschmolzen sind. Ernst Cassirer hat, als er anlässlich der Verfassungsfeier am 11. August 1928 die vernunftrechtlichen Grundlagen der Weimarer Demokratie gegen

---

1 Vortrag anlässlich einer vom Lehrstuhl für Jüdische Geschichte und Kultur an der Universität München veranstalteten Tagung zum Thema »Jüdische Stimmen im Diskurs der sechziger Jahre«.
2 Ursula Krechel hat inzwischen in ihrem Roman *Landgericht* (Wien: Jung und Jung 2012) eines der jüdischen Heimkehrerschicksale, und zwar am Beispiel eines unbekannten Landgerichtsdirektors, eindrucksvoll beschrieben.

deren Verächter verteidigte, aus deutschen Quellen der europäischen Aufklärung geschöpft; so auch, als er dann wenig später, im März 1929, in Davos seine große Kontroverse mit einem damals schon antihumanistischen Heidegger austrug. So musste der jüdische Hintergrund von Autoren wie Husserl, Simmel, Scheler oder Cassirer auch für einen Studenten, der 1949 mit einem halbwegs klaren Bewusstsein des historischen Gewichts von Auschwitz zur Universität gekommen war, keinen *philosophisch* relevanten Unterschied bedeuten.

Was für uns damals einen Unterschied machte, war das Entzweiende der politischen Lebensschicksale jener vertriebenen Philosophen, die zurückkehrten. Die Wahrnehmung des Emigrantenschicksals von Karl Löwith oder Helmuth Plessner, deren Bücher wir im Bonner Seminar neben denen von Hans Freyer und Arnold Gehlen lasen, ist der Schlüssel zum Verständnis der eminenten Bedeutung, die jüdische Philosophen in der alten Bundesrepublik für den Bildungsprozess von einigen Angehörigen meiner und von vielen Angehörigen der folgenden Generation gewonnen haben. Wir waren durch den Zivilisationsbruch gegenüber dem spezifisch Deutschen in der Tiefe, oder besser den Untiefen, der deutschen Traditionen argwöhnisch geworden. Mindestens intuitiv war uns klar: Wer, wenn nicht sie, die »rassisch aussortiert« worden waren, während ihre Kollegen munter weitermachten, wer sonst könnte eine schärfere Sensibilität für die dunklen Elemente in den besten unserer moralisch korrumpierten Überlieferungen ausgebildet haben?

Die wenigen, die zurückkehrten

Zur Rückkehr entschlossen sich die meisten Emigranten, wenn überhaupt, während der ersten Jahre der neu gegründeten Bundesrepublik. Gerufen wurden die wenigsten. So kamen zwischen 1949 und 1953 die Philosophen Theodor W. Adorno,

Max Horkheimer, Helmut Kuhn, Michael Landmann, Karl Löwith und Helmuth Plessner aus dem Exil nach Frankfurt, Erlangen bzw. München, Berlin, Heidelberg und Göttingen zurück. Von ihnen gewannen in den frühen fünfziger Jahren vor allem Karl Löwith und Helmuth Plessner einen über ihre unmittelbare Wirkungsstätte hinausreichenden Einfluss. Löwith mag mit seiner Kritik am heilsgeschichtlich inspirierten Denken der Geschichtsphilosophie einige der Kriegsheimkehrer unter den Studenten auch in ihrer Ablehnung der Ideen von 1789 bestärkt haben; aber die Lektüre von *Weltgeschichte und Heilsgeschehen* hat in allen Studenten vor allem ein heilsames Misstrauen gegen die ersatzmetaphysische Rolle geschichtsphilosophischer Hintergrundannahmen geweckt. Das andere große Werk, *Von Hegel zu Nietzsche*, spiegelt noch die Interessen des jüngeren Löwith am *Individuum in der Rolle des Mitmenschen*. Ich war davon so beeindruckt, dass ich meiner Dissertation nachträglich, das heißt nach Fertigstellung des Hauptteils, ein Einleitungskapitel über die Junghegelianer hinzugefügt habe.

Helmuth Plessner hatte vor der Emigration zusammen mit Max Scheler zu den Begründern der Philosophischen Anthropologie gehört; für uns Studenten blieben auch die älteren Werke, vor allem *Die Stufen des Organischen und der Mensch* sowie die Studie über *Lachen und Weinen*, von unverminderter Aktualität. Mit dem Gedanken der »exzentrischen Positionalität« wurde dem autoritären Institutionalismus Gehlens ein auf Zivilisierung, auf gegenseitige Schonung und Takt angelegtes Konzept vom Menschen entgegengesetzt. Im Claire-obscure der frühen Adenauerzeit hatte Plessners *Die Verspätete Nation*, hatten überhaupt seine politisch-historischen Arbeiten etwas Befreiendes – charakteristischerweise waren es die liberal-linkskatholischen *Frankfurter Hefte*, die mich zur Rezension dieser Schriften einluden.

Ein spezieller Fall ist Ernst Bloch, der schon 1949 nach Leipzig zurückgekehrt war, der aber, wenn ich recht erinnere, in den

Diskussionen der frühen Bundesrepublik keine nennenswerte Rolle spielte. Der Autor des damals vergessenen Buchs *Geist der Utopie* war bei uns erst seit der Veröffentlichung von *Das Prinzip Hoffnung* literarisch wieder gegenwärtig. Keinen seiner »wissenschaftlichen« Autoren hat Siegfried Unseld übrigens so verehrt wie diesen. Ein breiteres Echo fanden die rhapsodischen Werke erst im Zuge der Studentenbewegung. Rückblickend darf man vielleicht sagen, dass Blochs expressionistisch geprägter Marxismus als ein eigenwilliges Dokument der Zeit- und der Literaturgeschichte überlebt, innerhalb der Profession jedoch zu wenig bleibende Spuren hinterlassen hat.

Die erwähnten Emigranten hatten alle vor 1933 an deutschen oder deutschsprachigen Universitäten gelehrt. Ihre Rückkehr vollzog sich jedoch nicht immer reibungslos. Beispielsweise konnten die Soziologen Julius Kraft, Gottfried Salomon-Delatour und Alphons Silbermann erst 1957 bzw. 1958 im Zuge der »Wiedergutmachung« an den Universitäten Frankfurt und Köln die Lehre wieder aufnehmen. Der Soziologe und Mannheim-Schüler Norbert Elias lehrte in Leicester und an der University of Ghana in Accra und ließ sich 1975 erst nach seiner Emeritierung in Amsterdam nieder. Von dort aus hat er dann, vor allem mit der 1976 erschienenen Taschenbuchausgabe seines in den dreißiger Jahren entstandenen Hauptwerkes *Über den Prozeß der Zivilisation*, also erst mit 79 Jahren, eine enthusiastische Gefolgschaft gefunden – und zugleich ein lebhaftes Echo auch über die Grenzen des Faches hinaus. Akademische Außenseiter blieben der Ökonom und Gesellschaftstheoretiker Alfred Sohn-Rethel, der 1978, auch erst mit 79 Jahren, in Bremen Professor wurde, und der Philosoph Ulrich Sonnemann, dem es 1974 gelang, eine Professur in Kassel zu erhalten. Auf dem Campus wurden damals beide zu Kultautoren. Günther Anders, der Sohn des bekannten Entwicklungspsychologen William Stern und einstige Ehemann von Hannah Arendt, war von Haus aus Philosoph. Er hatte bei Husserl promoviert und kehrte schon 1950 nach Wien zurück, aber ohne in den deutschsprachigen Universitäten erneut Fuß fassen zu können. Allerdings erzielte er als philosophischer Essayist und zeitkritischer Schriftsteller, insbesondere mit seinen philosophisch-anthropologischen Überlegungen zum »atomaren Zeitalter«, vorübergehend eine große publizistische Wirkung.

Die Rückkehr der nicht Zurückkehrenden

Es waren also relativ wenige Philosophen, die überhaupt zurückkamen. Aus wirkungsgeschichtlicher Perspektive betrachtet, war manchmal der intellektuelle Einfluss der Emigranten, die nicht *in persona* zurückkehrten, sogar größer. Die Nachhaltigkeit des posthumen Einflusses Ludwig Wittgensteins, der 1951 starb und mit seinen *Philosophischen Untersuchungen* sogleich philosophische Weltgeltung erlangte, ist nur mit der Breite der ganz anderen, literarischen und öffentlichen Wirkung Walter Benjamins zu vergleichen. Benjamin war nach dem Krieg in Deutschland in Vergessenheit geraten. Am Schicksal dieses Verschollenen lässt sich exemplarisch die tödliche Gewalt eines Exils ermessen, das Erinnerungsspuren aus dem kulturellen Gedächtnis einer Nation auslöschen kann. In keinem anderen Fall haben sich das Undurchsichtige und anspruchsvoll Exaltierte einer unsteten Lebensgeschichte und die tragische Ironie eines freiwillig-unfreiwilligen Todes kurz vor dem Tor zur Freiheit so unmittelbar von der Entstehungsgeschichte eines Werkes auf die Geschichte seiner Rezeption übertragen.
Innerhalb der Profession hat vor allem Wolfgang Stegmüller erfolgreich an die Tradition des Wiener Kreises angeknüpft. Der Logische Empirismus beherrschte zu dieser Zeit auch die wichtigsten amerikanischen *philosophy departments*. Neben Rudolf Carnap und Carl Gustav Hempel war die Lektüre von Alfred Tarski, Herbert Feigl, Otto Neurath, Friedrich Waismann und Victor Kraft bis weit in die sechziger Jahre hinein auch ein Muss für diejenigen von uns, denen diese philosophische Diät nicht in

die Wiege gelegt worden war. Demgegenüber ist der schon 1953 gestorbene Hans Reichenbach, wenn ich recht sehe, erst über das Werk seines Schülers Hilary Putnam in Deutschland zur Wirkung gelangt. Das Werk von Karl Popper hat schließlich dank der Vermittlung Hans Alberts eine überragende Bedeutung erlangt. Seine *Logik der Forschung* von 1934 ist insbesondere für die Sozialwissenschaften wichtig geworden und spielt dort in den methodologischen Debatten bis heute eine zentrale Rolle.

Als einflussreiche Solitäre möchte ich schließlich Hannah Arendt, Hans Jonas, Leo Strauss und Gershom Scholem nennen.

Als Philosophin ist Hannah Arendt auch in den USA erst im Jahre 1958 mit ihrem Buch *The Human Condition* hervorgetreten. Ich selbst verdanke diesem Buch, insbesondere dem darin beschriebenen Modell der griechischen Öffentlichkeit, wesentliche Anstöße für den *Strukturwandel der Öffentlichkeit*, an dem ich damals arbeitete. Auch aus einem anderen Grund war die Lektüre wichtig für mich: Mit diesem Buch hielt ich einen zweifachen Gegenbeweis gegen ein akademisches Vorurteil in der Hand, das mein Lehrer Erich Rothacker noch Anfang der fünfziger Jahre im Seminar wiederholt hatte. Danach sollten es »Juden und Frauen« in der Philosophie immer nur zu »Sternchen zweiter Ordnung« bringen können. Hannah Arendt hat in der Bundesrepublik im Zuge der Studentenbewegung und danach breite Aufmerksamkeit gefunden. Sie selbst hat an dieser Revolte weniger das Spektrum der linken Ziele interessiert als vielmehr der Modus der Bewegung selbst – es war die Politik im Vollzug des kommunikativen Handelns, die sie faszinierte. Ihre politische Philosophie ist heute ein fester Bestandteil des Curriculums.

Das anspruchsvolle philosophische Werk von Hans Jonas ist in Deutschland leider nur selektiv aufgenommen worden. Einen späten Erfolg hatte Jonas im Zuge der ökologischen Bewegung mit seinem Buch *Das Prinzip Verantwortung*. Sein frühes Werk

über die Gnosis wurde in der theologischen Diskussion gewürdigt, seine philosophisch-anthropologischen Arbeiten harren allerdings noch einer produktiv weiterführenden Rezeption.
Bei uns hat die politische Philosophie von Leo Strauss, die in den USA offensichtlich über den Einfluss des eindrucksvollen akademischen Lehrers auf eine große Anzahl produktiver Schüler gewirkt hat, keine vergleichbare Rezeption erfahren. Strauss hat das klassische Naturrecht durch inständige Lektüre wieder zum Leben erweckt und gegen das moderne Vernunftrecht in Stellung gebracht. Abgesehen von einer rühmlichen Ausnahme wie Wilhelm Hennis, der die Rehabilitation des Naturrechts für seine Regierungslehre fruchtbar gemacht hat, genoss Strauss bei uns jedoch schon zu Lebzeiten eher den Status eines geachteten, aber wenig benutzten Klassikers. Das könnte sich mit Heinrich Meiers verdienstvoller Edition von Strauss' Werken und mit der ideengeschichtlichen Lokalisierung des Autors Strauss im intellektuellen Netzwerk der Weimarer Zeit ändern.
Gershom Scholem ist in der Bundesrepublik als der eigentliche Testamentsvollstrecker seines Freundes Walter Benjamin in Erscheinung getreten. Aber nicht nur mit seinen Benjamin-Interpretationen und seinen geschichtspolitischen Stellungnahmen, nicht nur mit dem eigenen wissenschaftlichen Lebenswerk zur jüdischen Mystik hat er als Einziger das genuin jüdische Element im Schicksal und in der kulturellen Produktivität der deutschen Juden präsent gemacht. Dieses Element hat sich auf eindrucksvolle Weise in seiner Person selbst – wie auch in der makellosen Prosa seiner Lebenserinnerungen – verkörpert. Scholem genoss die Autorität des »jüdischen Juden«. Für mich enthielt die Lektüre von *Die jüdische Mystik in ihren Hauptströmungen* eine große Überraschung. Sie hat mich damals über die erstaunlichen Parallelen belehrt, die zwischen den Gedanken- und Bilderwelten der protestantischen Mystik eines Jakob Böhme auf der einen und der jüdischen Kabbala des Isaak Luria, der 1572 in Safed starb, auf der anderen Seite bestehen.

Der innerakademische Einfluss

Diese Aufzählung von Namen gibt noch kein Bild von der Dynamik der beispiellosen Wirkung der jüdischen Stimmen im Milieu einer verunsicherten und kleinlaut gewordenen Universität und in einer politischen Öffentlichkeit, die in der frühen Bundesrepublik vom Willen zum aggressiv geschichtslosen Wiederaufbau und von der betonharten Mentalität eines Verdrängungsantikommunismus geprägt waren. Ich gehe mit Stichworten zunächst auf den akademischen, dann auf den öffentlichen Einfluss der Remigranten ein. Im Hinblick auf die inneruniversitären Verhältnisse orientiere ich mich grob an »Schulen«, die – anders als heute – während der ersten Nachkriegsjahrzehnte in Fächern wie Philosophie und Soziologie noch deutlich zu erkennen waren.

In der Philosophie zeichneten sich gegen Ende der fünfziger Jahre drei Traditionsströme von ungleichem Gewicht ab. Die breite, durch die NS-Zeit hindurchlaufende Strömung von Phänomenologie und Hermeneutik war nach wie vor maßgebend für die Organisation der Fachöffentlichkeit und die Rekrutierung des Nachwuchses. In diesem Sammelbecken bestand eine große personelle Kontinuität; die verdruckste Anpassung der ehemaligen Nazis und Mitläufer war hier nicht weniger deprimierend als in den meisten anderen Disziplinen. Der politisch weitgehend unbelastete Hans-Georg Gadamer, den die Russen in Leipzig als ersten Rektor eingesetzt hatten, stand für eine liberale Öffnung dieses in sich ohnehin heterogenen Lagers. Er holte seinen Freund Karl Löwith aus dem Exil zurück und gab zusammen mit einem anderen Remigranten, Helmut Kuhn, die *Philosophische Rundschau* heraus, seinerzeit die führende Fachzeitschrift. Von sehr ungleicher Art waren zwei andere, miteinander konkurrierende Strömungen: die Kritische Theorie – eine in den zwanziger Jahren mithilfe von Max Webers Bürokratiesoziologie fortentwickelte Gestalt des Hegelmarxismus – auf der einen und die analytische Wissenschaftstheorie auf der anderen Seite. Jüdische Emigranten waren für beide Schulen repräsentativ, aber in der Profession zunächst ohne größeren Einfluss.

Die Kritische Theorie war im Wesentlichen auf das Frankfurter Institut für Sozialforschung, letztlich auf die Person Adornos konzentriert. Für das geringe Standing dieser Fraktion innerhalb des Faches war Adornos erster offizieller Auftritt in der Fachöffentlichkeit beim VII. Deutschen Kongress für Philosophie 1962 in Münster aufschlussreich. Die beiden Hauptvorträge zum Kongressthema »Die Philosophie und die Frage nach dem Fortschritt« hielten Adorno und Löwith, also zwei jüdische Gelehrte. Bemerkenswert ist nicht, dass beide Redner das Thema erwartungsgemäß kontrapunktisch variierten, indem der eine über »Das Verhängnis des Fortschritts«, der andere umstandslos affirmativ über »Fortschritt« sprach. Bemerkenswert war der Stil, der den Intellektuellen Adorno von der versammelten Zunft abhob – der literarische Anspruch des verlesenen Textes und das unkonventionelle Auftreten riefen in diesem Kreis Irritationen hervor. Nach beendetem Vortrag verbeugte sich Adorno – wie der Virtuose vor seinem Publikum – eine Nuance zu tief; nichts hätte seine Fremdheit unter den Professorenkollegen schmerzlicher enthüllen können.

In dieser Isolierung spiegelte sich auch die damals noch bestehende Distanz der Universität von der Bühne der Medienöffentlichkeit. Denn auf dieser Bühne erreichte Adorno, nach heutigen Maßstäben ziemlich altmodisch (nämlich durch Rundfunkvorträge und Artikel in der *Frankfurter Allgemeinen Zeitung* sowie im *Merkur* und alsbald auch durch Publikationen in der edition suhrkamp), ein allgemeines Bildungspublikum, vor allem aber Gymnasiallehrer, Studenten und Schüler. Aus wirkungsgeschichtlicher Perspektive ist dabei die Kluft zu beachten, die zwischen dem reformistischen, geradezu sozialdemokratischen Tenor des Volkspädagogen und dem rabenschwarzen Totalitätsdenken des Philosophen Adorno klaffte. Der eine schrieb über »Die Wunde Heine« und über das Thema

»Was bedeutet: Aufarbeitung der Vergangenheit«, der andere arbeitete in Einsamkeit und Freiheit an der *Negativen Dialektik* und der erst posthum erschienenen *Ästhetischen Theorie*.

Der analytischen Philosophie erging es – freilich auf andere Weise – in der frühen Bundesrepublik keineswegs besser. Sie war institutionell schwach verankert und setzte sich schließlich, in der Mitte des Faches, nicht unmittelbar, sondern erst auf dem Umweg über eine phänomenologisch vermittelte Aneignung der fregeschen Semantik durch. In dieser Hinsicht war, neben Aufsätzen von Günther Patzig, vor allem das Werk Ernst Tugendhats wichtig. Heute bestimmt die analytische Schule mit ihren Standards die Argumentation des ganzen Faches; insoweit hat sie, mit dem Rückenwind aus den USA und aus Großbritannien, im Laufe der siebziger Jahre die inzwischen überwundene Konkurrenz der Schulen sogar gewonnen.

Anders als in der Philosophie verhielt es sich in der Soziologie, die, nachdem ihre Fachvertreter zu erheblichen Teilen vertrieben worden waren, mithilfe der zurückkehrenden Emigranten erst wieder aufgebaut werden musste: mit dem Ethnologen Emerich K. Francis, einem bekennenden Katholiken jüdischer Herkunft, in München, mit Helmuth Plessner in Göttingen, mit René König in Köln und mit Horkheimer und Adorno in Frankfurt. In Münster und in der Sozialforschungsstelle Dortmund verkörperte ein wissenschaftlich produktiver Helmut Schelsky zusammen mit Hans Freyer und Arnold Gehlen sowohl in personeller wie auch in sachlicher Hinsicht eine durch die NS-Zeit hindurchreichende Kontinuität des Faches. In dieser Konstellation war allen Beteiligten der zeitgeschichtliche Hintergrund präsent; daher hatten die wissenschaftlichen Auseinandersetzungen von Anbeginn an auch politische Konnotationen.

Anders als in der Philosophie bildete das Institut für Sozialforschung, an dem Horkheimer einen Diplomstudiengang für Soziologen einrichtete, einen ebenbürtigen Pol in dem spannungsreichen Dreieck »Köln – Münster – Frankfurt«. Nach meiner

Erinnerung spielten sich die wesentlichen fachinternen Auseinandersetzungen während der ersten Nachkriegsjahrzehnte in diesem intellektuellen Spannungsfeld ab. Signifikant für den maßgeblichen Einfluss jüdischer Emigranten war zudem eine Kontroverse, die sich an eine in der Form höfliche Diskussion zwischen Adorno und Popper während der Arbeitstagung der Deutschen Gesellschaft für Soziologie 1961 in Tübingen anschloss; aber schon wegen dieser Proponenten hat sich der sogenannte Positivismusstreit nicht entlang der erwähnten, in politischen Biographien wurzelnden Fronten entwickelt.

Zwei Initialzündungen

Um die Proportionen des öffentlichen Einflusses jüdischer Emigranten zu erkennen, bedarf es eines Blickes über die Mauern der Universität hinaus. Allerdings sind in dem diffusen Milieu der Öffentlichkeit Indikatoren, an denen man sich orientieren könnte, noch viel undeutlicher als *intra muros*. Daher erwähne ich nur zwei Veranstaltungen, die ich rückblickend als Initialzündungen für folgenreiche Schübe in der politischen Kultur der Bundesrepublik betrachte. Ich kann den subjektiven Einschlag dieser Bewertung nicht verleugnen, wenn ich zwei akademische Ereignisse hervorhebe, zum einen die Ringvorlesungen, die 1956 aus Anlass des 100. Geburtstags von Sigmund Freud parallel an den Universitäten Frankfurt und Heidelberg stattfanden, und zum anderen das Referat von Herbert Marcuse auf dem Deutschen Soziologentag in Heidelberg im Sommersemester 1964. Nach meinem Empfinden geht die Relevanz dieser beiden Veranstaltungen über das bloß Biographische meiner persönlichen Eindrücke hinaus.

Max Horkheimer hatte zusammen mit Alexander Mitscherlich die internationale Elite der Psychoanalyse aus den USA, aus England und der Schweiz zu einem Vortragszyklus eingeladen. Die glänzenden Vorträge von René Spitz, Erik Erikson, Michael

Balint, Ludwig Binswanger, Gustav Bally, Franz Alexander und anderen brachen als intellektuelle Sturzflut wie aus einer fremden Welt über die frühe Bundesrepublik herein. So stellte es sich jedenfalls aus der Sicht eines jungen Mannes dar, der während seines Studiums Freud nur aus nebliger Entfernung und als Namen für ein wissenschaftliches Schmuddelkind kennengelernt hatte. Um die intellektuelle Erregung der Zuhörer nachvollziehen zu können, muss man sich in Erinnerung rufen, dass damals die Psychoanalyse wissenschaftlich in Hochblüte stand und international als eine Schlüsseldisziplin für die Erklärung anthropologischer und sozialpsychologischer, auch im weitesten Sinne politischer Fragen anerkannt war. Geistige Anstöße wirken natürlich nicht unmittelbar. Aber fortan drangen analytische Argumente in die öffentlichen Diskurse ein und bildeten ein wichtiges Ferment in dem zähen Erinnerungsprozess einer deutschen Gesellschaft, die erst lernte, sich mit ihrer damals noch »jüngsten« Vergangenheit zu konfrontieren.

Die Veranstaltungsreihe schloss übrigens mit zwei Vorträgen eines Philosophen über »Die Idee des Fortschritts im Lichte der Psychoanalyse«, die mich elektrisiert haben wie kaum ein anderer Vortrag vorher oder nachher. Damals sah ich Herbert Marcuse, der Gedanken aus seinem noch unveröffentlichten Buch *Eros and Civilization* vortrug, zum ersten Mal. Ich hatte erst zwei Monate zuvor meine Arbeit an dem Institut aufgenommen, aus dessen verschollener Vergangenheit mir nun, unerwartet und ohne dialektische Schnörkel, ein vital gegenwärtiger Geist entgegentrat. Das Bild, das wir uns aus den engagierten Zeiten der Studentenbewegung von Marcuse bewahren, blendet ganz zu Unrecht die Qualität des Wissenschaftlers aus, der bei Heidegger in Freiburg eine solide philosophische Ausbildung genossen hatte. Im Kreis der »alten« Frankfurter war Marcuse derjenige, der sich in seinen philosophischen Untersuchungen an konventionelle wissenschaftliche Maßstäbe hielt. Das in den frühen vierziger Jahren entstanden Buche *Reason and Revolution* – gewissermaßen die Parallelaktion zu Löwiths *Von Hegel zu Nietzsche* – ist dafür das beste Beispiel. Ohne diese wissenschaftliche Qualität hätte Marcuse auch acht Jahre später mit seinem Vortrag über »Industrialisierung und Kapitalismus« unter den Jüngeren nicht das Echo finden können, auf das es mir in unserem wirkungsgeschichtlichen Kontext ankommt.

Auf dem Heidelberger Soziologenkongress im Jahre 1964, so sehen es manche Beobachter im Rückblick, ist Max Weber gewissermaßen als Klassiker installiert worden. Wie dem auch sei, dieses Zusammentreffen von Heroen des Faches wie Talcott Parsons, Raymond Aron und Herbert Marcuse, die die Hauptvorträge hielten, war, inmitten der vollständig versammelten deutschen Soziologie, ohnehin ein Ereignis von hohem intellektuellem Rang. Im Zentrum stand wiederum eine wesentlich zwischen jüdischen Emigranten ausgetragene Kontroverse – zwischen Herbert Marcuse auf der einen und dem scharfsinnig argumentierenden, von Parsons und Benjamin Nelson unterstützten Reinhard Bendix auf der anderen Seite. Ich erinnere daran, dass das Jahr 1964 in die Inkubationszeit der Studentenbewegung fiel. Damals sprach noch niemand von »Kapitalismus«, der bevorzugte Terminus war »fortgeschrittene Industriegesellschaft«. In der edition suhrkamp waren die ersten Adorno-Titel, aber noch kein Marcuse veröffentlicht worden. Im Sozialistischen Deutschen Studentenbund regierten noch nicht die Aktionisten, sondern die engagiertesten und brillantesten Studenten des Fachs. Ich weiß nicht, wie viele von ihnen damals zum ersten Mal »ihren« Marcuse gehört haben.

Dieser ging penibel an weberschen Texten entlang, um den verschwiegenen Paradigmenkern der alten Kritischen Theorie offenzulegen – einen Webermarxismus, der den internen Zusammenhang zwischen formaler Rationalität, Herrschaft und Kapitalismus zu enthüllen versprach. Jedenfalls habe ich, im Publikum sitzend, gespürt, wie dieses hermeneutische Exerzitium einen Funken auf die jungen Köpfe überspringen ließ – ungefähr so, wie es mir selbst in den Freud-Vorlesungen widerfahren war. Gleichviel, wie man heute die Ambivalenzen der öffentlichen Wirkung von Freud und von Marcuses Marx und Max Weber einschätzt, in den beiden erwähnten Veranstaltungen verdichtete sich die Modalität jenes schwer greifbaren und höchst indirekten Einflusses, den in seltenen Augenblicken eine ins Intellektuelle übersetzte wissenschaftliche Arbeit auf öffentliche Diskurse haben kann.

Natürlich bedürfte es sorgfältiger empirischer Untersuchungen, um die abschließende Verallgemeinerung zu prüfen, die ich allein auf meine eigene Lebenserfahrung stützen kann: Nach meinem Eindruck verdankt die politische Kultur der alten Bundesrepublik ihre zögerlichen Fortschritte in der Zivilisierung ihrer Einstellungsmuster zu einem guten, vielleicht ausschlaggebenden Teil jüdischen Emigranten. Sie verdankt diesen glücklichen Verlauf vor allem jenen, die großmütig genug waren, in das Land zurückzukehren, aus dem sie vertrieben worden waren. Von ihnen haben ein, zwei akademisch »vaterlose« Generationen gelernt, wie man von einem korrumpierten geistigen Erbe die Traditionen unterscheidet, die es wert sind, fortgeführt zu werden.

2.

Martin Buber – Dialogphilosophie im zeitgeschichtlichen Kontext[1]

Am 24. November 1938 schreibt der in letzter Minute nach Israel emigrierte Martin Buber an seinen Freund Ludwig Strauß: »Nach einer situationsgemäß dunkel abgefassten Mitteilung aus Frankfurt scheint in Heppenheim unser ganzer Besitz zerstört zu sein.«[2] Die Novemberpogrome markieren wohl den tiefsten Einschnitt in Bubers langer und produktiver Lebensgeschichte. Die weiteren 27 Jahre seines Lebens in Israel fallen gewiss schwer in die zweite Waagschale dieser Biographie. Aber der 60-jährige Martin Buber war bereits eine weltberühmte Figur, als er das rettende Ufer erreichte. Zu diesem Zeitpunkt konnte er schon auf ein reiches, von Anbeginn für die jüdische Sache engagiertes Leben im deutschsprachigen Milieu zurückblicken. Dieser Umstand mag die ehrenvolle, aber keineswegs selbstverständliche Einladung an einen deutschen Kollegen erklären, diese neu eingerichtete Vorlesungsreihe zu eröffnen. Dafür bedanke ich mich bei den Mitgliedern der Akademie.
Historische Darstellungen der jüdischen Kultur im Kaiserreich und in der Weimarer Republik präsentieren Martin Buber nicht nur als eine führende Gestalt des Zionismus, sondern als den maßgebenden Wortführer einer kulturellen jüdischen Renaissance, die damals vor allem von einer jüngeren Generation getragen wurde.[3] Die jungjüdische Bewegung, die sich um 1900 im Kontext der übrigen Jugend- und Reformbewegungen for-

---

1 Vortrag anlässlich der ersten »Martin Buber«-Vorlesung an der Israel Academy of Sciences and Humanities am 1. Mai 2012 in Jerusalem.
2 Tuvia Rübner/Dafna Mach (Hg.), *Briefwechsel Martin Buber – Ludwig Strauß 1913-1953*, Frankfurt am Main: Luchterhand 1990, S. 229.
3 Michael Brenner, *Jüdische Kultur in der Weimarer Republik*, München: Beck 2000, S. 32 ff.

mierte, verstand diesen Aufbruch als die Geburtsstunde einer modernen jüdischen Nationalkultur. Zu deren Sprecher machte sich der 23-jährige Buber, als er 1901 auf dem Fünften Zionistenkongress in Basel seine erste programmatische Rede hielt. Seit der Veröffentlichung der chassidischen *Geschichten des Rabbi Nachman* im Jahre 1906 galt er auch in der breiteren Öffentlichkeit als der geistige Führer des sogenannten Kulturzionismus. 1916 verwirklichte Buber den lange gehegten Plan, eine jüdische Monatsschrift herauszugeben. *Der Jude* war die intellektuell anspruchsvolle Plattform, auf der sich so verschiedene Geister wie beispielsweise Franz Kafka, Arnold Zweig, Gustav Landauer oder Eduard Bernstein begegneten.

Große Bedeutung gewann die Freundschaft mit Franz Rosenzweig. Dieser war mit dem *Stern der Erlösung* aus dem Krieg zurückgekehrt und eröffnete 1920 in Frankfurt am Main das Freie Jüdische Lehrhaus, das in der ganzen Republik zum Vorbild für ähnliche Einrichtungen werden sollte. Rosenzweig gab mit dem Programm des »Neuen Lernens« den Impulsen der zeitgenössischen Volkshochschulbewegung eine Richtung, die Buber sympathisch sein musste. Rosenzweig vertrat, wie er in seiner Eröffnungsrede ankündigte, »ein Lernen in umgekehrter Richtung. Ein Lernen nicht mehr aus der Thora ins Leben hinein, sondern umgekehrt aus dem Leben, d. h. aus einer Welt, die vom Gesetz nichts mehr weiß, zurück in die Thora. Das ist die Signatur der Zeit.«[4] Rosenzweig gewann Buber als festen Dozenten und engsten Mitarbeiter. Aus ihrer Kooperation ist auch die berühmte, an den Sprachduktus des Hebräischen angelehnte Bibelübersetzung hervorgegangen.

Aus dem Rückblick betrachtet, enthält die Liste der Dozenten am Jüdischen Lehrhaus fast ausschließlich berühmte Namen: unter anderen Leo Baeck, Siegfried Kracauer, Leo Strauss, Erich Fromm, Gershom Scholem, Samuel Joseph Agnon, Ernst

---

4 Zit. nach Rachel Heuberger/Helga Krohn (Hg.), *Juden in Frankfurt am Main 1800-1950*, Frankfurt am Main: S. Fischer 1988, S. 164.

Simon und Leo Löwenthal. Wenn man heute bei Michael Brenner liest,[5] Martin Buber sei damals der »prominenteste Lehrer« in diesem Kreise und »der bekannteste deutsch-jüdische Denker der Weimarer Zeit« gewesen, braucht man über einen Schriftsatz des Dekans der Frankfurter Philosophischen Fakultät in Sachen Buber nicht länger zu rätseln. Als Walter F. Otto 1930 beim Ministerium beantragte, den Lehrauftrag für Religionsphilosophie, den Buber seit 1924 wahrgenommen hatte, in eine bezahlte Honorarprofessur umzuwandeln, durfte er sich mit der lakonischen Begründung begnügen, niemand sei geeigneter als Buber, »der so bekannt ist, daß von einer eingehenden Charakterisierung seiner Leistungen abgesehen werden kann«.[6] Auf diese Professur verzichtete Martin Buber 1933 unmittelbar nach der »Machtergreifung«, ohne die Säuberung abzuwarten, die die Universität Frankfurt eines Drittels ihres Lehrkörpers berauben sollte.

Wenige Jahre bevor ich an ebendieser Universität als Adornos Assistent meine wissenschaftliche Karriere begann, war ich während meines Studiums Martin Buber das einzige Mal begegnet (natürlich nur in der Rolle eines Zuhörers). Damals, im Sommersemester 1953, kehrte Buber nach Krieg und Holocaust erstmals nach Deutschland zurück. Meine Frau und ich haben uns an diesen denkwürdigen Abend im Hörsaal X der Bonner Universität immer wieder erinnert, weniger an den Inhalt der Vorlesung als an den Akt des Auftritts, als die Geräusche im überfüllten Saal schlagartig verstummten. Alles erhob sich ehrfürchtig, als Bundespräsident Theodor Heuss mit gravitätischen Schritten, als wolle er das Außerordentliche des Besuches unterstreichen, die eher kleine Gestalt des weißhaarigen und vollbärtigen Alten, des Weisen aus Israel, den langen Gang an der

---

[5] Michael Brenner, *Jüdische Kultur in der Weimarer Republik*, a. a. O., S. 90 und 96.
[6] Notker Hammerstein, *Die Johann Wolfgang Goethe-Universität Frankfurt am Main*, Bd. I, *Von der Stiftungsuniversität zur staatlichen Hochschule 1914-1950*, Neuwied: Luchterhand 1989, S. 120.

Fensterreihe entlang zum Podium geleitete. Hatten wir uns als Kinder nicht so die Propheten des Alten Testamentes vorgestellt? Aus der Erinnerung zieht sich der ganze Abend zu diesem einen würdevollen Augenblick zusammen.

Ich begriff damals nicht, dass sich in dieser Szene auch ein wesentlicher Gedanke von Bubers Philosophie verkörperte – die Kraft des Performativen, die den Inhalt des Gesagten in den Schatten stellt. Ich gestehe, dass ich heute nicht ganz ohne Ambivalenzen an die öffentliche Rolle zurückdenke, die Martin Buber in den Jahren der frühen Bundesrepublik gespielt hat. Er stand damals im Zentrum der jüdisch-christlichen Begegnungen, die ja an seine früheren Initiativen aus Zeiten der Weimarer Republik anknüpfen konnten. Diese Begegnungen hatten gewiss eine ernst zu nehmende Substanz, sie werden auch bei vielen eine kritische Besinnung gefördert haben. Aber Adorno hat dem damals verbreiteten *Jargon der Eigentlichkeit*, der einem verquasten Bedürfnis nach einer innerlich-unpolitischen Verarbeitung der »jüngsten Vergangenheit« entgegenkam, dieses abschätzige Etikett nicht ganz ohne Grund aufgeklebt. Als der versöhnungsbereite religiöse Gesprächspartner war Buber der Antipode zu dem unerbittlichen Historiker Scholem, der uns in den sechziger Jahren die politische und gesellschaftliche Kehrseite der leichtfertig beschworenen geistigen deutsch-jüdischen Symbiose zu Bewusstsein brachte.

Meine Damen und Herren, Sie haben mich nicht eingeladen, damit ich über den religiösen Schriftsteller und prophetischen Weisen, über den Zionisten und Volkspädagogen Martin Buber spreche. Martin Buber ist Philosoph, und als solcher ist er zu Recht in das Pantheon der *Library of Living Philosophers* aufgenommen worden – so heißt eine bedeutende, von Paul Arthur Schilpp herausgegebene, in der Profession hoch angesehene Buchreihe. Zu den Geehrten gehörten damals bereits John Dewey, Alfred North Whitehead, Bertrand Russell, Ernst Cassirer, Karl Jaspers, Rudolf Carnap und andere. In diesem illustren Kreis war Martin Buber der zwölfte Laureat, mit dessen Philosophie sich die Besten des Faches auseinandersetzten.[7] Im Mittelpunkt der Diskussion stand und steht immer noch die Beziehung zwischen Ich und Du, um die sich Bubers philosophisches Denken kristallisiert. Ich werde zunächst den philosophiegeschichtlichen Ort dieses Gedankens bestimmen (I). Sodann möchte ich das systematische Gewicht des Grundgedankens anhand von Konsequenzen deutlich machen, die aus diesem Ansatz ganz unabhängig von Bubers eigenen Interessen gezogen worden sind (II). Schließlich werde ich kurz die eigentümlichen Übersetzungsleistungen religiöser Schriftsteller charakterisieren; denn im Fall von Martin Buber erklärt sich die humanistische Grundierung seines Zionismus aus der Übertragung religiöser Gehalte in philosophische Begriffe, mit denen wir allgemeine, von Religionsgemeinschaften unabhängige Aussagen machen (III).

I. Die Blickrichtung auf das Performative

Buber hatte eine Dissertation über Nikolaus von Kues und Jakob Böhme geschrieben. Abgesehen von seiner Liebe zum Chassidismus, der auf das Auftreten der von Sabbatai Zwi inspirierten frankistischen Sekten geantwortet hatte,[8] stellt sich die Frage, ob denn Buber damals schon etwas ahnte von jener verblüffenden Verwandtschaft zwischen den Bilderwelten Jakob Böhmes und der jüdischen Mystik, auf die Gershom Scholem später mit einer Anekdote vom Besuch des schwäbischen Pietisten Friedrich Christoph Oetinger beim Kabbalisten Koppel Hecht im Frankfurter Getto hinweisen würde?[9]

---

7 Paul Arthur Schilpp/Maurice Friedman (Hg.), *The Philosophy of Martin Buber. Library of Living Philosophers XII*, London: Cambridge University Press 1967.
8 Vgl. zu Martin Bubers Interesse am Chassidismus Hans-Joachim Werner, *Martin Buber*, Frankfurt am Main: Campus 1994, S. 146 ff.
9 Gershom Scholem, *Die jüdische Mystik in ihren Hauptströmungen*, Frankfurt am Main: Suhrkamp 1957, S. 259 f.

Den Durchbruch zu der philosophischen Einsicht, die das weitere Werk bestimmen wird, beschreibt Martin Buber als eine Art Konversion, die sich über die Jahre des Ersten Weltkriegs hinweg erstreckte. Hatte er bis dahin seine religiöse Grunderfahrung mystisch als Entrückung in eine außeralltägliche Situation gedeutet, fürchtete er nach dieser Wende eher die Diffusion des eigenen Ichs in der Vereinigung mit dem »Überfließen« des göttlichen Geistes. An die Stelle dieses absorbierend-auflösenden Kontaktes sollte nun eine in der Praxis inständiger Gebete gewissermaßen normalisierte, wenn auch nicht nivellierte Beziehung zu Gott treten. Diese Beziehung des Betenden zu Gott als einer zweiten Person, und das wird für das weitere philosophische Denken wichtig, ist durch Worte und durch »das Wort« vermittelt.

Der alte Buber beschreibt die eigene Abkehr von der Mystik mit schroffen Worten:

> »Since then I have given up the ›religious‹ which is nothing but the exception, the extraction, exaltation or ecstasy […]. The mystery is no longer disclosed […] it has made its dwelling here where everything happens as it happens. I know no fullness but each moral hour's fullness of claim and responsibility. Though far from being equal to it, I know that in the claim I am claimed and may respond in responsibility […]. If that is religion then it is simply all that is lived in its possibility of dialogue.«[10]

Diese Worte resümieren den Anstoß zu jenen Aufzeichnungen, an denen Buber seit 1917 gearbeitet hatte und die er 1923 unter dem Titel *Ich und Du* veröffentlichte. Alle späteren Schriften sind Fußnoten zu diesem Hauptwerk. Die interpersonale Beziehung zu Gott als dem »ewigen Du« strukturiert das sprachlich gebahnte Beziehungsnetz, worin sich jede Person immer

---

10 Martin Buber, »Autobiographical fragments«, in: Schilpp/Friedman (Hg.), *The Philosophy of Martin Buber*, a.a.O., S. 3-39, S- 26.

schon als das Gegenüber anderer Personen vorfindet: »[T]o be man means to be the being that is over against.«[11]
Wie sich an dem Gebrauch der Personalpronomina ablesen lässt, ist allerdings die innerweltliche Situation des Menschen dadurch bestimmt, dass dieses »being over against« nach zwei verschiedenen Einstellungen differenziert werden muss, je nachdem, ob es sich beim Gegenüber um andere Personen oder um andere Gegenstände handelt. Die interpersonale Beziehung einer ersten zur zweiten Person, eines »Ich« zum »Du«, ist anderer Art als die objektivierende Beziehung einer dritten Person zu einem Gegenstand, eines »Ich« zum »Es«. Denn die interpersonale Beziehung verlangt die reziproke Verschränkung von Perspektiven, die die Beteiligten aufeinander richten, wobei jeder die Perspektive des jeweils anderen einnehmen kann. Es gehört nämlich zur dialogischen Beziehung, dass der Angesprochene die Rolle des Sprechers ebenso übernehmen kann wie umgekehrt der Sprecher die des Adressaten. Gegenüber dieser Symmetrie ist der Blick eines Beobachters asymmetrisch auf einen Gegenstand fixiert, der ja seinerseits dem Beobachter nicht in die Augen blicken kann.
Auf der Spur dieser Differenz zwischen der Ich-Du- und der Ich-Es-Beziehung entdeckt Martin Buber auch eine entsprechende Differenz der Rollen des jeweils ich-sagenden Subjekts. In der einen Beziehung tritt das Ich als Akteur, in der anderen als Beobachter auf. Eine interpersonale Beziehung müssen die Beteiligten »eingehen« und im Sprechhandeln »vollziehen«. Dabei hebt sich dieser performative Aspekt des Sprechhandelns vom Was und Worüber der Kommunikation, also vom Aspekt des Gesprächsinhalts, ab. Weil die Beteiligten sich nicht gegenseitig wie Objekte belauern oder belauschen, sondern füreinander öffnen, begegnen sie sich auf demselben dialogisch erschlossenen Forum und verstricken sich als Zeitgenossen narrativ in ihre Geschichten. Beide können denselben Ort im sozialen

11 Ebd. S. 35.

Raum und in der historischen Zeit nur gemeinsam besetzen, wenn sie sich in dieser performativen Einstellung als zweite Personen begegnen. Eine solche »Begegnung« vollzieht sich in der Art der aktuellen Vergegenwärtigung des Anderen in seiner Ganzheit. Die personale Vergegenwärtigung bildet also einen Horizont, innerhalb dessen die Wahrnehmung des Anderen sich erst auf die für die Person selbst wesentlichen Züge fokussiert und nicht, wie bei der Beobachtung von Gegenständen, beliebig von Detail zu Detail schweift.

Diesen *Vorrang des Performativen in der Begegnung* umschreibt Buber mit der blumigen Formulierung: »Das Grundwort Ich-Du kann nur mit dem ganzen Wesen gesprochen werden. Das Grundwort Ich-Es kann nie mit dem ganzen Wesen gesprochen werden.«[12] Gewiss, auch der Beobachter agiert insofern, als er eine objektivierende Einstellung zum Gegenstand »einnehmen« muss; aber *in actu* verschwindet für ihn der performative Aspekt vollständig hinter dem Gegenstand selbst, dem Thema seiner Wahrnehmung oder seines Urteils. *Intentione recta* sieht der Beobachter von sich und seinem Ort und Kontext ab; indem er gleichsam »von nirgendwo« auf etwas in der Welt blickt, abstrahiert er von seiner Verankerung im erfahrenen sozialen Raum und in der gelebten historischen Zeit. Allerdings erkennt Buber, dass diese Gegenüberstellung von »Akteur« und »Beobachter« noch etwas zu einfach ist. Auch handelnde Subjekte haben oft ein gepanzertes Ich und klappen ihr Visier nicht auf. Auch sie können sich abschirmen und den jeweils Anderen, statt als zweite Person, aus der Perspektive einer dritten Person *wie* einen Gegenstand behandeln – sei es instrumentell wie der Arzt, der am Leib eines Patienten operiert, oder strategisch wie der Bankmitarbeiter, der seinem übervorteilten Kunden einen Kredit andreht.

Aus der Sicht des Kulturkritikers befürchtet Buber sogar, dass

---

12 Martin Buber, *Ich und Du* [1923], in: ders., *Das dialogische Prinzip*, Gütersloh: Gütersloher Verlagshaus 1986, 11. Aufl., S. 7.

diese Weisen des monologischen Handelns zur beherrschenden Lebens- und Existenzform der Gesellschaft im Ganzen werden könnten. Vor dem Hintergrund der zeitdiagnostisch beargwöhnten Tendenz, dass sich die sozialen Bereiche des strategischen und zweckrationalen Handelns im Zuge der gesellschaftlichen Modernisierung immer weiter ausdehnen,[13] gilt Bubers praktisches Interesse einigen ausgezeichneten *Face-to-face*-Beziehungen, vor allem der Freundschaft und der Liebe. Obwohl solche exemplarischen Beziehungen selbst nur einen marginalen Ausschnitt aus der Menge der verständigungsorientierten Handlungen bilden, interpretieren sie das, was Buber das »dialogische Dasein« nennt. An dem Idealtypus der ungeschützten und »einander zugekehrten« Begegnung im authentischen Miteinander stechen die performativen Aspekte hervor, die sonst von den thematischen Aspekten des Gesprächs oder der Interaktion verdeckt werden.

Die Blickrichtung auf das Performative teilt Buber mit der zeitgenössischen Existenzphilosophie, die unter dem »Was« des vermeintlichen »Wesens« des Menschen den verschütteten Modus dieses Lebens, das »Wie« seines In-der-Welt-Seins, freilegt. Dieses pendelt wiederum zwischen eigentlichem und uneigentlichem Dasein. Denn das menschliche Leben zeichnet sich dadurch aus, dass es geführt werden muss und fehlschlagen kann. Phänomenologie, Historismus und Pragmatismus teilen das Interesse am Vollzugscharakter des gelebten Lebens. In dieser Hinsicht sind alle diese Philosophen Erben jener Junghegelianer geblieben, die die Detranszendentalisierung und Entsublimierung der Vernunft, den »Verwesungsprozess des absoluten Geistes« (Marx) in Gang gesetzt haben. Diese ganze Denkbewegung zielt ab auf die Situierung der Vernunft im sozialen Raum und in der historischen Zeit, auf ihre Verkörperung im

---

13 »In kranken Zeiten geschieht es, dass die Es-Welt, nicht mehr von den Zuflüssen der Du-Welt als von lebenden Strömen durchzogen und befruchtet: – abgetrennt und stockend, ein riesiges Sumpfphantom, den Menschen überwältigt.« (Martin Buber, *Ich und Du*, a. a. O., S. 56)

menschlichen Organismus und in der gesellschaftlichen Praxis, das heißt in der kooperativen Auseinandersetzung der kommunikativ vergesellschafteten Individuen mit den Überraschungen und Konflikten ihrer Umwelt. Buber war sich dieses junghegelianischen Erbes ebenso bewusst wie der Verwandtschaft mit der Existenzphilosophie. Er hat sich mit Feuerbach, Marx und Kierkegaard ebenso wie mit Jaspers, Heidegger und Sartre beschäftigt. Was ihn in dieser Großfamilie aber auszeichnet, ist der Blick auf die kommunikative Verfassung der menschlichen Existenz, die er in Anknüpfung an Wilhelm von Humboldt und Ludwig Feuerbach dialogphilosophisch beschreibt.[14]

II. Der Grundgedanke: Primat der zweiten Person

Ausgangspunkt ist das Phänomen des Angesprochenwerdens: »Leben heißt angeredet werden«,[15] so dass sich einer dem anderen »stellen« muss, und zwar in doppelter Weise. Der Angeredete muss sich vom anderen stellen lassen, indem er sich auf eine Ich-Du-Beziehung überhaupt einlässt; und er muss dann zu dem, was dieser Andere ihm sagt, Stellung nehmen – im einfachsten Fall mit »ja« oder »nein«. Mit der Bereitschaft, sich von einer anderen Person *zur Rede stellen zu lassen* und vor ihr sich zu verantworten, setzt sich der Angesprochene der nicht objektivierbaren Gegenwart des Anderen aus und erkennt diesen als nicht mediatisierbare Quelle von autonomen Ansprüchen an. Zugleich unterwirft er sich den semantischen und diskursiven Verpflichtungen, die ihm von der Sprache und dem

---

14 Vgl. zu Humboldt Martin Buber, *Zwiesprache* [1929], in: ders., *Das dialogische Prinzip*, a.a.O., S. 178; vgl. zu Feuerbach Martin Buber, *Das Problem des Menschen* [1948], Gütersloh: Gütersloher Verlagsanstalt 1982, 7. Aufl. 2007, S. 58 ff; vgl. zu den Anregungen, die Buber von seinen Zeitgenossen empfangen hat, vor allem Michael Theunissen, *Der Andere*, Berlin: de Gruyter 1977, 2. Aufl., § 46.
15 Martin Buber, *Zwiesprache*, a.a.O., S. 153.

Dialog selbst auferlegt werden. Dabei verleiht die Reziprozität des Rollentauschs zwischen Adressat und Sprecher der dialogischen Beziehung einen egalitären Charakter. Mit der Bereitschaft, sich dialogisch vom Anderen in die Pflicht nehmen zu lassen, verbindet sich daher das Einstellungsmuster eines egalitären Individualismus. Allerdings ist es kein irenisches Bild, das Martin Buber zeichnet. Gerade in intimen Beziehungen muss der jeweils Andere in seinem individuierten Kern ernst genommen und in seiner radikalen Andersheit anerkannt werden.[16] In der Notwendigkeit, die beiden gegenläufigen Tendenzen der »Ausbreitung des Eigenseins und (der) Umkehr zur Verbundenheit«[17] auszubalancieren, erkennt Buber die Quelle der Unruhe, die in jeder Art kommunikativer Vergesellschaftung gärt.

Gewiss, der religiöse Schriftsteller spitzt die Dialogphilosophie auf das »echte Gespräch« zu, durch das Gottes Finger hindurchgreift; aber die Lehre des Philosophen bietet durchaus interessante Anknüpfungspunkte auch für das nachmetaphysisch ernüchterte Denken. Inzwischen haben sich die weiterführenden Diskurse in verschiedene Richtungen verzweigt. Ich beginne mit der hoch kontroversen Frage: Was ist fundamentaler, Selbstbewusstsein und epistemische Selbstbeziehung oder, wie Buber behauptet, die kommunikative Beziehung zum Anderen im Dialog? Michael Theunissen hat in seiner Habilitationsschrift von 1964 Martin Bubers Philosophie des Dialogs als Gegenentwurf zu Edmund Husserls Konstruktion der Lebenswelt aus den konstituierenden Leistungen des transzendentalen Subjekts in Stellung gebracht.[18] Nicht nur aus Gründen des lokalen Interesses kann ich aber den systematischen Streitpunkt auch anhand der Frage diskutieren, die Nathan Rotenstreich noch an Martin Buber selbst gerichtet hat: »[W]hether reflec-

---

16 Martin Buber, *Die Frage an den Einzelnen* [1936], in: ders., *Das dialogische Prinzip*, a. a. O., S. 233 f.; vgl. dazu Werner, *Martin Buber*, a. a. O., S. 48 ff.
17 Martin Buber, »Ich und Du«, a. a. O., S. 118.
18 Michael Theunissen, *Der Andere*, a. a. O., S. 243-373.

tion itself is but an extraction from the primacy of mutuality or whether mutuality presupposes reflection«.[19]

Selbst in der Tradition des Mentalismus stehend, vertritt Rotenstreich den Primat des Selbstbewusstseins gegenüber der interpersonalen Beziehung. Damit eine Beziehung zwischen erster und zweiter Person zustande kommen könne, so das Argument, müsse vorausgesetzt werden, dass ich-sagende Subjekte schon die Unterscheidung zwischen sich und einem anderen Subjekt getroffen haben; und dieser Akt der Unterscheidung setze wiederum eine vorgängige epistemische Selbstbeziehung voraus, weil ein Subjekt von anderen Subjekten nicht Abstand nehmen könne, ohne sich zuvor selbst als ein Subjekt wahrgenommen und identifiziert zu haben.[20] Wie der gereizte Ton der ausführlichen Antwort, die Buber seinem Jerusalemer Kollegen erteilt, verrät, handelt es sich bei dieser Kontroverse nicht um eine Frage unter anderen, sondern um einen tief greifenden Paradigmenstreit: Ist der Mensch primär ein erkennendes Subjekt, das sich auf Sachverhalte in der objektiven Welt bezieht und sich in derselben objektivierenden Einstellung auch reflexiv auf sich selber beziehen kann? Dann unterscheidet er sich von anderen Tieren primär durch Selbstbewusstsein. Oder wird sich der Eine erst in der Kommunikation mit dem Anderen seiner selbst als eines Subjektes bewusst? Dann ist es nicht das Selbstbewusstsein, sondern die Form der kommunikativen Vergesellschaftung, durch die sich unsere Spezies vor ihren nächsten Verwandten, also die menschliche Existenz als solche auszeichnet.

19 Nathan Rotenstreich, »The right and the limitations of Martin Buber's dialogical thought«, in: Arthur Schilpp/Maurice Friedman (Hg.), *The Philosophy of Martin Buber*, a.a.O., S. 97-132, S. 124f.
20 Nathan Rotenstreich: »If we do not grant the status of consciousness of one's own self we are facing the riddle how could a human being realize that it is he as a human being who maintains relations to things and to living beings and is not just submerged but amounts to a twofold attitude of detachment (i.e. in the I-It-relation) and attachment (in the I-Though-relation) [...]. How is it possible to be both detached and attached without the consciousness of oneself as a constitutive feature of the whole situation?« (Ebd., S. 125ff.)

Martin Buber begreift den Menschen nicht primär als Erkenntnissubjekt, sondern als ein praktisches Wesen, das sich in interpersonale Beziehungen verstrickt, um die Herausforderungen des kontingenten Geschehens in der Welt kooperativ zu bewältigen. Auch aus seiner Sicht zeichnet sich der Mensch durch die Fähigkeit zur Distanzierung aus, aber nicht in der Art einer Selbstobjektivierung: »It is incorrect to see in the fact of primal distance a reflecting position of a spectator.«[21] Nicht Selbstreflexion im Sinne der einsamen Rückanwendung der Subjekt-Objekt- oder Ich-Es-Beziehung bildet das zentrale Unterscheidungsmerkmal zwischen Mensch und Tier. Unser Leben vollzieht sich vielmehr in der dreistelligen Kommunikationsbeziehung zwischen einer ersten und einer zweiten Person, während sich beide miteinander über Objekte in der Welt verständigen.[22] Das Selbstbewusstsein ist ein aus dem Dialog abgeleitetes Phänomen: »Die Person wird sich ihrer selbst als eines am Sein Teilnehmenden, als eines Mitseienden […] bewusst.«[23] Das in Dialoge verwickelte Subjekt wird sich in der Übernahme der auf es gerichteten Perspektive eines Anderen zunächst performativ seiner selbst gewahr, bevor es sich ausdrücklich zum Objekt einer Selbstreflexion machen kann: »The I that [first] emerges is aware of itself, but without reflecting on itself so as to become an object.«[24]

Diese Auszeichnung der dialogischen Beziehung verdankt sich bei Buber natürlich dem Apriori des Gebets, also dem konstitutiven Rang, den er der Beziehung zum »ewigen Du« einräumt. Weil nach seiner Auffassung die Begegnung mit dem originären Wort Gottes alle innerweltlichen Gesprächsbeziehungen strukturiert, kann Buber sagen: »Nothing helps me so much to un-

---

21 Martin Buber, »Replies to my critics«, in: Arthur Schilpp/Maurice Friedman (Hg.), *The Philosophy of Martin Buber*, a. a. O., S. 689-746, S. 695.
22 Karl-Otto Apel, »Die Logos-Auszeichnung der menschlichen Sprache. Die philosophische Tragweite der Sprechakttheorie«, in: ders., *Paradigmen der Ersten Philosophie. Zur reflexiven – transzendentalpragmatischen – Rekonstruktion der Philosophiegeschichte*, Berlin: Suhrkamp 2011, S. 92-137.
23 Martin Buber, *Ich und Du*, a. a. O., S. 66.
24 Martin Buber, »Replies to my critics«, a. a. O., S. 695.

derstand man and his existence as does speech«[25] – wohlgemerkt das Gespräch (*speech*) und nicht die Sprache (*language*) als solche! Auf seine Weise nimmt auch Buber an der linguistischen Wende in der Philosophie des 20. Jahrhunderts teil. Verständlicherweise interessiert er sich nicht für eine Semantik, von der Richard Rorty sagte, sie setze die Erkenntnistheorie des 17. Jahrhunderts nur mit sprachanalytischen Mitteln fort. Aber Wittgensteins Wende zur Pragmatik des Sprachgebrauchs hätte Buber eigentlich entgegenkommen müssen.[26] Buber hatte die wichtige und richtige Intuition, dass es für uns ohne das dialogisch erzeugte »Zwischen« einer intersubjektiv geteilten Lebenswelt keine Objektivität von Erfahrung und Urteil geben kann und umgekehrt.

Mit der Analyse der Doppelperspektive der Ich-Du-/Ich-Es-Beziehung lenkt Buber den Blick auf die konstitutive Verschränkung von zwei Intentionen. Was für den menschlichen Geist konstitutiv ist, ist die Verschränkung der intersubjektiven Beziehung zwischen Adressat und Sprecher einerseits mit deren jeweiligen intentionalen Beziehungen zu etwas in der objektiven Welt, über das sich beide verständigen, andererseits. Die gegenseitige Perspektivenübernahme zwischen Ich und Du ermöglicht gewissermaßen die Vergemeinschaftung der individuellen Wahrnehmungen des *auf diesem Wege erst objektivierten* Sachverhaltes. Diese komplexe Beziehungsstruktur spiegelt sich auch in der kompetenten Verwendung des Systems der Personalpronomina und der damit verschränkten Ausdrücke für lokale und temporale Deixis. Aus der systematischen Verschränkung der Ich-Du- mit der Ich-Es-Beziehung baut sich der pragmatische Rahmen auf, der die Verwendung beliebiger sprachlicher Symbole erst möglich macht.

Erlauben Sie mir, im Vorbeigehen eine empirische Bestätigung dieser sprachphilosophischen Aussage zu erwähnen. Michael Tomasello hat in psychologischen Untersuchungen zur Sprach-

25 Ebd., S. 696.
26 Vgl. Karl-Otto Apel, *Paradigmen der Ersten Philosophie*, a. a. O., Teil I.

entwicklung schon an Interaktionen mit Kindern im vorsprachlichen Alter genau jene triadische Beziehung nachgewiesen, die durch die symbolische Verknüpfung des vertikalen Weltbezugs (Ich-Es) mit der horizontalen Beziehung zum Anderen (Ich-Du) zwischen den Kommunikationsteilnehmern einerseits und ihren jeweiligen Beziehungen zum Gegenstand der Kommunikation andererseits hergestellt wird.[27] Ungefähr einjährige Kinder folgen der Zeigegeste von Bezugspersonen (oder benutzen selber den Zeigefinger), um die Aufmerksamkeit der anderen Person auf bestimmte Dinge zu lenken und mit dieser ihre Wahrnehmung zu teilen. Auf der horizontalen Ebene übernehmen Mutter und Kind mit der Blickrichtung auch die Intention des jeweils Anderen, so dass eine Ich-Du-Beziehung, das heißt eine soziale Perspektive, entsteht, aus der jeder in vertikaler Ich-Es-Richtung seine Aufmerksamkeit auf *dasselbe* Objekt richten kann. Mithilfe der Zeigegeste – bald auch in Kombination mit nachahmenden Gesten – erwerben Kinder von dem gemeinsam identifizierten und wahrgenommenen Gegenstand ein mit der Mutter intersubjektiv geteiltes Wissen, aus dem dann schließlich die Geste ihre konventionelle Bedeutung gewinnt.

III. Die philosophische Arbeit des religiösen Schriftstellers

Martin Buber hat den nahe liegenden Weg einer sprachphilosophischen Ausarbeitung seines dialogphilosophischen Ansatzes nicht beschritten.[28] Schon Nathan Rotenstreich hat ihm nicht ganz zu Unrecht vorgehalten, sich auf den performativen Aspekt der Ich-Du-Beziehung, auf das Wie der »personalen Ver-

---

27 Michael Tomasello, *Die kulturelle Entwicklung des menschlichen Denkens*, Frankfurt am Main: Suhrkamp 2002; ders, *Die Ursprünge der menschlichen Kommunikation*, Frankfurt am Main: Suhrkamp 2009.
28 Jürgen Habermas, *Philosophische Texte. Studienausgabe in fünf Bänden*, Frankfurt am Main: Suhrkamp 2009, Bd. 2, *Rationalitäts- und Sprachtheorie*.

gegenwärtigung« des Anderen zu konzentrieren und darüber den kognitiven Darstellungsaspekt der Ich-Es-Beziehung, das heißt die Aussagegehalte, die Diskurse und wissenschaftlichen Erkenntnisse, zu vernachlässigen. Die berechtigte Kritik an der einseitigen Fixierung der großen philosophischen Tradition auf die Erkenntnis des Seienden, auf die Selbstreflexion des erkennenden Subjekts und auf die Darstellungsfunktion der Sprache entgleist bei Martin Buber ins Kulturkritische. Er schüttet das Kind mit dem Bade aus, wenn er alle *objektivierenden* Einstellungen zur Welt mit den *objektivistischen* Tendenzen des Zeitalters in einen Topf wirft und pauschal unter Verdacht stellt. Andererseits gibt es für den Umstand, dass Buber das theoretische Potenzial seines eigenen Ansatzes nicht ausgeschöpft hat, einen trivialen Grund – sein überwiegendes Interesse an Fragen der ethisch-existenziellen Selbstverständigung. Im Schatten der starken ethischen Normativität bindender Verhaltenserwartungen und authentischer Lebensentwürfe verschwindet die schwache Normativität, die in der Pragmatik der sprachlichen Kommunikation schon als solcher enthalten ist.

Der Philosoph Buber lässt sich vom religiösen Schriftsteller nicht trennen. Buber steht in jener Reihe religiöser Schriftsteller mit philosophischem Anspruch, die von Kierkegaard, Josiah Royce und William James über den jungen Ernst Bloch, Walter Benjamin und Emmanuel Levinas bis zu Jacques Derrida reicht. Diese Denker setzen unter den veränderten Bedingungen der Moderne eine Übersetzungsarbeit fort, die sich so lange unauffällig in der Art einer Osmose vollziehen konnte, wie die griechische Metaphysik nach Schließung der Akademie unter der Obhut von Theologen der abrahamitischen Religionen fortgeführt wurde. Nach der nominalistischen Auflösung dieser fragilen Symbiose konnte sich die subversiv-erneuernde Kraft einer Assimilation religiöser Semantiken an die begründende Rede der Philosophen nur noch im hellen Licht einer weitgehend säkularisierten Umgebung entfalten.

Nun mussten sich die Philosophen gewissermaßen als religiöse

Schriftsteller *outen*, wenn sie ungehobene semantische Gehalte aus dem artikulierten Schatz einzelner religiöser Überlieferungen in die allgemein zugängliche philosophische Begrifflichkeit übersetzen wollten. Umgekehrt kann eine pluralistische Öffentlichkeit von diesen Schriftstellern nur deshalb etwas lernen, weil sie die religiösen Erfahrungsgehalte gewissermaßen durch einen philosophischen Filter hindurchtreiben und ihnen damit den exklusiven Charakter der Herkunft aus einer jeweils besonderen Religionsgemeinschaft abstreifen. Diese *Übersetzerrolle des religiösen Schriftstellers in der modernen Gesellschaft* mag auch die Position erklären, die Martin Buber in der politischen Öffentlichkeit eingenommen hat. Seine Auseinandersetzung mit Herzl ist bekannt. Für ihn war das zionistische Projekt mehr als nur ein politisches Unternehmen, welches zunächst auf die Staatsgründung, später auf die Selbstbehauptung des souveränen Judenstaates abzielte. Aber der Kulturzionismus war nicht in jeder Lesart unvereinbar mit einem nationalistischen und machtpolitischen Verständnis des zionistischen Projekts; die Unvereinbarkeit, die Martin Buber sah, erklärt sich aus der Sicht eines religiösen Schriftstellers, der das Projekt einer jüdischen Nationalkultur in den Begriffen eines Philosophen begründen wollte. Ihn interessierte die Rechtfertigung des Zionismus nicht nur aus der ethno-nationalen, gewissermaßen nach innen gewendeten Perspektive; er wollte diesen vielmehr mit Argumenten rechtfertigen, die jeden überzeugen konnten.

Buber hielt eine humanistische Rechtfertigung der zionistischen Idee für nötig. Das ist bemerkenswert, weil er so wenig wie Gershom Scholem, Ernst Simon oder Hugo Bergmann von Haus aus ein Kantianer war. Diese deutsch-jüdischen Intellektuellen verstanden sich als jüdische Juden, die im Geiste der zeitgenössischen Lebensphilosophie eher an Herders frühromantische Entdeckung von Nation, Sprache und Kultur anknüpften als an die Tradition der Aufklärung oder an Marx und Freud. Aus ihrer Sicht war die vernünftige Substanz, die Kant, Cohen und die Wissenschaft vom Judentum von ihrer Religion übrig gelassen hatten, zu wenig – für sie waren die mystische Kehrseite oder die bachofensche Nachtseite der Religion interessanter. Gleichwohl hatten auch sie Spinoza und Lessing, Mendelssohn und Kant, Goethe und Heine, diese Hausgötter ihrer Elternhäuser, so wenig vergessen wie auf der anderen Seite die ethno-nationalen Motive der alltäglichen Diskriminierung in ihren europäischen Heimatländern. Die moralische Sensibilität, mit der diese erste Generation der Kulturzionisten von Anbeginn das sogenannte arabische Problem erwogen, analysiert und bis zu ihrem Lebensende leidenschaftlich diskutiert haben, bezeugt eine kosmopolitische und individualistische Sicht, aus der sie ihr Projekt verstanden haben wollten.[29]

Zwar steht dem Existenzphilosophen Buber eine angemessene soziologische Begrifflichkeit nicht zur Verfügung. »Das Soziale« behandelt er vor dem Hintergrund einer wiederum idealtypischen Vergesellschaftungsform, in der sich – als Entsprechung zur authentischen Ich-Du-Beziehung – ein »wesenhaftes Wir« verkörpern sollte.[30] Aber Umrisse einer politischen Theorie sind doch zu erkennen. 1936, noch in Deutschland, setzt sich Buber mit dem Freund-Feind-Denken Carl Schmitts auseinander. Er sieht, dass diese Kategorien »in Zeiten, in denen das Gemeinwesen bedroht ist«, in Erscheinung treten, aber »nicht in Zeiten, in denen es seinen Bestand als einen zugesicherten erfährt«. Daher tauge das Freund-Feind-Verhältnis auch nicht als »Prinzip des Politischen«. Dieses bestehe vielmehr »im Streben [eines Gemeinwesens] nach der ihm gemäßen Ordnung«. Allerdings genieße die durch Sprache und Kultur gestiftete Gemeinschaft Vorrang vor der Not- und Verstandeseinrichtung des modernen Staates: »Die Person gehört, ob […] sie damit ernstmachen will oder nicht, der Gemeinschaft zu, in die sie geboren oder geraten ist«.[31]

Für Martin Buber besteht kein notwendiger oder gar normativ

---

29 Martin Buber, *Die Frage an den Einzelnen*, a.a.O., S.S. 254f.
30 Martin Buber, *Das Problem des Menschen*, a.a.O., S. 116.
31 Ebd. S. 241.

begründeter Zusammenhang zwischen der gewachsenen oder zusammengewachsenen Nation und dem gewollten, von seinen Bürgern konstruierten Staat. Bekanntlich hat sich Buber einen binationalen Staat auch für Israel vorstellen können.[32] Ob Nation oder Staat, gleichviel, die normative Rechtfertigung aller Formen des Zusammenlebens bemisst sich für ihn letztlich an den authentischen Stellungnahmen der Mitglieder. Nicht nur das moralische, auch das politisch richtige oder falsche Handeln gründet im »Zwischenmenschlichen« des Dialogs. Der Einzelne steht in einer gewissenhaften Verantwortung, die ihm die Gruppe nicht abnehmen kann. Dieser Individualismus spricht aus der bemerkenswerten Feststellung, dass die wahrhafte Zugehörigkeit zu einer Gemeinschaft »die nie endgültig zu formulierende Erfahrung der Grenze dieser Zugehörigkeit einschließt«.[33]

Nun, diese humanistische Vision war nicht leicht mit den politischen Realitäten in Einklang zu bringen; und mit der Staatsgründung hatte das Ziel eines einzigen Staates, der auf seinem Territorium die Bürger jüdischer und arabischer Nationalität gleichberechtigt vereinigt, sein Fundament verloren. In dieser anfänglichen Lesart ist der politische Humanismus jener im Bildungssystem einflussreichen Außenseiter deutsch-jüdischer Herkunft ein abgeschlossenes Kapitel. Gilt das auch für den

32 Steven Aschheim schildert die Position der in Brit Schalom und später im Ichud vereinigten Intellektuellen (in: *Beyond the Border. The German-Jewish Legacy*, Princeton: Princeton University Press 2007, Kapitel 1, »*Bildung* in Palestine. Bi-nationalism and the strains of German-Jewish humanism«) wie folgt: »This was a nationalism that was guided essentially by inner cultural standards and conceptions of morality rather than considerations of power and singular group interest. Its exponents were united – as many saw it, in hopelessly naïve fashion – by their opposition to Herzl's brand of ›political Zionism‹ both because they had distaste for his strategy of alliances with external and imperial powers and because they did not hold the political realm of Statehood to be an ultimate value: their main goal was the spiritual and human revival of Judaism and the creation of a moral community or commonwealth in which this mission could be authentically realized. To be sure, it is not always easy to separate the more general German and ›cosmopolitan‹ ingredients from the recovered, specifically Jewish and religious dimensions of their vision.«
33 Ebd. S. 241.

philosophischen Impuls, der dieses hochherzige Programm inspiriert? Gewiss, im schwachen akademischen Diskurs lebt etwas vom Geiste Martin Bubers unter anderen Prämissen in einem anderen theoretischen Rahmen fort (ich denke etwa an das Buch von Chaim Gans über die Moralität des jüdischen Staates).[34] Aber man muss unsentimental feststellen, dass Traditionen abbrechen und nur in Ausnahmesituationen mit einem »Tigersprung ins Vergangene« zurückgeholt werden können – dann natürlich in neuer Interpretation und mit anderen Schlussfolgerungen. Walter Benjamin dachte beim Bild des Tigersprungs an die Bemächtigung »einer Erinnerung, wie sie im Augenblick der Gefahr aufblitzt«.[35] Vielleicht hat dieses gefährdete und schöne Land, das von Geschichte überquillt, einfach zu viele Erinnerungen.

---

34 Chaim Gans, *A Just Zionism: On the Morality of the Jewish State*, Oxford: Oxford University Press 2008.
35 Walter Benjamin, »Über den Begriff der Geschichte« [1942], in: ders., *Werke und Nachlaß. Kritische Gesamtausgabe*, Bd. 19, Berlin: Suhrkamp 2010, Thesen VI und XIV.

3.

Zeitgenosse Heine:
»Es gibt jetzt in Europa keine Nationen mehr.«[1]

(1) Im Jahre 1828 notiert Heine auf seiner Reise nach Genua: »Täglich verschwinden mehr und mehr die törichten Nationalvorurteile, alle schroffen Besonderheiten gehen unter in der Allgemeinheit der europäischen Zivilisation, es gibt jetzt in Europa keine Nationen mehr, sondern nur Parteien, und es ist ein wundersamer Anblick, wie diese [...] trotz der vielen Sprachverschiedenheiten sich sehr gut verstehen.« (II, S. 376)[2] Diese Worte sind 184 Jahre alt, wir sind inzwischen sogar in ein neues Jahrtausend eingetreten. Zeit genug also für die Verständigung der europäischen Völker untereinander, sollte man denken. Aber beim Anblick des jämmerlichen Aufblühens nationaler Egoismen im Zuge der Banken-, Finanz- und Staatsschuldenkrise hat Heines Optimismus etwas ridikül Überschwängliches. Wo anders als in dem inzwischen existierenden, aber von den Regierungschefs an die Wand gedrückten Europäischen Parlament hätte der weitsichtige Satz, dass es keine Nationen mehr, sondern nur noch Parteien gibt, zur institutionellen Gewalt gerinnen müssen? Nur hier, nicht im Europäischen Rat, der alle Gewalt an sich gerissen hat, könnten sich verallgemeinerte gesellschaftliche Interessen über nationale Grenzen hinweg herausbilden und die »törichten Nationalvorurteile« durchkreuzen.

Heine hat freilich die »Nationalvorurteile« von der »Vaterlandsliebe« stets sorgfältig unterschieden. So verteidigt er, wenn auch

---

1 Rede anlässlich der Verleihung des Heinrich-Heine-Preises der Stadt Düsseldorf am 14. Dezember 2012.
2 Ich zitiere nach der von Klaus Briegleb besorgten sechsbändigen Ausgabe: *Heinrich Heine. Sämtliche Schriften*, München: Hanser 1969-1976.

mit Vorbehalten, das Hambacher Fest, wo »der französische Liberalismus seine Bergpredigten« hielt (IV, S. 88), während er das Treffen auf der Wartburg, wo deutschtümelnde Studenten eine Bücherverbrennung veranstalteten, »teutonisch« nennt. Später gesteht er: »Aus Haß gegen die Nationalisten könnte ich schier die Kommunisten lieben.« (V, S. 233) Heine bewundert den französischen Patriotismus und beneidet die Franzosen, die die Liebe zur Heimat in kosmopolitischen Farben malen können, weil sie in der Lage sind, ihr Geburtsland als Ursprung der Zivilisation und des humanen Fortschritts zu idealisieren. Umso dunkler erscheinen dem Emigranten die deutschen Zustände.

Andererseits macht der Schmerz der Emigration aus Heine einen Herold des deutschen Genies. Er, der auch durch sein eigenes Werk die Romantik der Aufklärung als deren wahres Eigentum zurückerstattet hat, besingt die deutsche Eigenart. Obwohl er selber den Leser durch den Glanz seines flüssigen Stils besticht und anrührende, suggestiv-beschwingte, einschmeichelnde Worte findet, preist er, im Kontrast zum Französischen, gerade das Schwere, Widerständige und Zerrissene so spezifisch deutscher Geister wie Luther oder Jakob Böhme, Jean Paul oder Fichte, Kleist oder Grabbe. Den Höhepunkt der deutschen Geistesgeschichte bildet für ihn freilich die Zeit der Aufklärung, von der er kühn behauptet, dass sich »nicht einmal in Griechenland der menschliche Geist so frei [hat] aussprechen können wie in Deutschland seit der Mitte des vorigen Jahrhunderts bis zur französischen Invasion« (III, S. 542).

In dieser affirmativen Einstellung zum Besten der eigenen Traditionen sehe ich den Schlüssel für jene glückliche Konstellation, die sich nach dem Zweiten Weltkrieg endlich auch in Deutschland für eine unvoreingenommene Heine-Rezeption ergeben hat. Erst nach 1945 konnte der in Frankreich und den übrigen europäischen Ländern, sogar auf anderen Kontinenten schon zu Lebzeiten verehrte Heine auch bei uns ungeschmälerte Anerkennung finden. Gewiss, Heines europäischer Fanfarenklang, der die Truppen zum Sturm auf die völkischen Denkbarrieren ruft, stößt bis heute auf taube Ohren. Aber ungeachtet dieser speziellen Schwerhörigkeit, auf die übrigens schon Heine den Ausdruck »Europamüdigkeit« gemünzt hat, wurde in dem besiegten und moralisch ausgelaugten Nachkriegsdeutschland zum ersten Mal die borniert Abwehrhaltung gegenüber dem Intellektuellen Heine aufgeweicht. Die jüngeren Generationen hatten ein offenes Ohr für Autoren, die ihnen auf den Schuttbergen diskreditierter und beargwöhnter Traditionen die Fährte zu den nicht korrumpierten Anteilen des geschundenen nationalen Erbes weisen konnten. Auch dieses Mal war das Beste im Exil von jüdischen Emigranten gehütet worden. Und die, die zurückkamen, hatten ihren Heine im Gepäck. Die Reihe reicht, um nur einige der Intellektuellen zu nennen, von Adorno und Günther Anders über Marcel Reich-Ranicki bis in meine Generation zu Peter Szondi und Ivan Nagel.

Heine war der Schriftsteller, der auf die Frage »Was ist die große Aufgabe unserer Zeit?« im Jahre 1828 eine bündige Antwort gegeben hatte: »Es ist die Emanzipation. Nicht bloß die der Irländer, Griechen, Frankfurter Juden, westindischen Schwarzen [...], sondern es ist die Emanzipation der ganzen Welt, absonderlich Europas, das mündig geworden ist.« (II, S. 376) Wer hätte für junge Deutsche nach dem Faschismus ein besserer Wegweiser sein können als einer, dem Lessing der liebste Schriftsteller gewesen ist? Heine, der Hegel und Schelling noch persönlich begegnet war, hat 1835 in Paris ein großartiges, mit breiten Pinselstrichen gemaltes Panorama *Zur Geschichte der Religion und Philosophie in Deutschland* veröffentlicht. Wie ein guter Hausarzt hat er darin die neuere deutsche Geistesgeschichte auf Lungentöne abgeklopft. Und damit seine französischen Leser auf dieser Gratwanderung nicht abstürzen, spannt er in der Art eines klugen Bergsteigers an den deutschen Abgründen vorbei ein Halteseil, das er an einem Ende mit Spinoza, am anderen Ende mit Hegel einpflockt.

Zwischen diesen beiden Pflöcken führen, von Spinoza ausgehend, die Spuren des Kampfes für Religionsfreiheit, die Freiheit des Gedankens und der Presse, für Menschenrechte und soziale Demokratie sicheren Schrittes über Christian Wolff zunächst zu Lessing, zu jenem »Propheten, der aus dem zweiten Testament ins dritte hinüberdeutete«. Über Lessing spricht Heine wie über sich selbst: »Er war die lebendige Kritik seiner Zeit und sein ganzes Leben war Polemik.« (III, S. 585) Dann folgt die engagierte Ehrenrettung des Buchhändlers Christoph Friedrich Nicolai, der im wackeren Streit gegen den Obskurantismus auch schon mal gegen Windmühlen focht; und weiter führt uns Heine über den großen jüdischen Aufklärer Moses Mendelssohn und den Freiheitsfreund Georg Forster zu dem Weltenzermalmer Immanuel Kant. Der sei zwar kein Genie gewesen, meint der Hegelschüler Heine, aber in seinem »steifleinenen Stil« habe er doch mit der *Kritik der reinen Vernunft* den Himmel gestürmt und dessen ganze Besatzung über die Klinge springen lassen. Diese robespierresche Revolution in der Welt des Geistes nimmt sodann ihren Fortgang über Fichte, den Napoleon der Philosophie, und Schelling, den Konterrevolutionär; und sie mündet im zeitgenössischen, gewissermaßen orléansschen Regiment Hegels. Da Kant diese ganze Gedankenbewegung allerdings weniger durch den bloßen Inhalt seiner Schriften angestoßen, sondern gewissermaßen performativ, »durch den kritischen Geist, der darin waltet«, hervorgebracht habe, stehe nun, nach Hegels Tod und der Julirevolution in Frankreich, eine ganze, und ganz der Aktualität verschriebene Generation von Jungdeutschen und Junghegelianern an der Schwelle vom revolutionären Gedanken zur Ausführung der Tat.

Mit diesem Curriculum hatte Heine aus den Quellen der deutschen und – wenn man die enorme Wirkung Spinozas in den bürgerlich-jüdischen Bildungsschichten bedenkt – der deutsch-jüdischen Geistesgeschichte ein Gegenprogramm zum Mainstream des ganzen 19. und frühen 20. Jahrhunderts entwickelt. Nach 1945 stand dieses Programm noch schärfer im Gegensatz zu allem, was in die deutsche Katastrophe geführt hatte, und zu vielem, was bei den aus der Nazizeit mitgeschleppten Eliten der Adenauerzeit – unter dem Deckmantel eines verdrängenden Antikommunismus – ein verdruckstes, aber zähes Nachleben führte. Nie war die »Partei der Blumen und der Nachtigallen«, die Heine mit revolutionärer Gesinnung auflud, attraktiver, nie war die emphatische Einheit von Demokratie, Menschenrechten, kosmopolitischer Hoffnung und Pazifismus überzeugender, nie die soziale Emanzipation, die »große Suppenfrage«, selbstverständlicher als für die, die im Schatten des zerschlagenen NS-Regimes auf der Suche nach dessen geistigen Wurzeln waren.

Das heißt nicht, dass sich die Heine-Rezeption in der alten Bundesrepublik reibungslos vollzogen hätte. Noch zum 100. Todestag des Dichters sichert sich die Bundesregierung mit einer zwiespältigen Pressemitteilung nach allen Seiten hin ab. Immerhin wird damals, 1956, in Düsseldorf eine aktive Heinrich-Heine-Gesellschaft gegründet und wenig später das verdienstvolle Heinrich-Heine-Institut. Auch in der Bundesrepublik erscheint nun eine kritische, von Klaus Briegleb besorgte Heine-Ausgabe. Aber ohne die Resonanz, die Heines Gesang auf die »Demokratie gleichherrlicher, gleichheiliger, gleichbeseligter Götter« unter den libertären Geistern der 68er-Bewegung gefunden hat, wäre eine dauerhafte Rehabilitierung des *ganzen* Heine wohl kaum gelungen. Die Historiker sprechen heute von einer Konsolidierung der Heine-Renaissance in den siebziger Jahren und von einer Kanonisierung in den Achtzigern. Im *Heine-Handbuch* von Gerhard Höhn, dieser Pionierleistung eines Privatgelehrten, liest man, dass sich Ende der achtziger Jahre der »Streit um Heine« längst ins Gegenteil verkehrt hatte: »Der Kämpfer für Freiheit und Fortschritt wird heute nicht mehr verleumdet, sondern überall gefeiert und geehrt.«[3]

Das waren Worte zum 190. Geburtstag. Was kann uns dieser

---

3 Gerhard Höhn, *Heine-Handbuch*, Stuttgart: Metzler 1987, XI, 2. Aufl. 1997, VII.

kanonisierte, unter Bergen von Interpretationen ehrenvoll begrabene Heine an seinem 215. Geburtstag noch sagen? Gewiss, der Poet Heine kann mit seinen *Neuen Gedichten*, dem *Romanzero*, seiner *Harzreise* oder dem *Wintermärchen* gut selber für seine literarische Wirkungsgeschichte sorgen. Aber Heine ist nicht nur Dichter. Kann er als der mentalitätsprägende Tribun immer noch eine wegweisende Figur sein? Hat uns der säkulare Apostel, hat uns die mit Zeitgeschichte vollgesogene Biographie seines Werkes heute noch etwas zu sagen? Können wir in diesem Sinne von Heine, oder wenigstens an seinem Beispiel, noch etwas lernen?

(2) Das ist keine rhetorische Frage. Es war immer schon schwierig, etwas über Heine zu sagen, das dieser nicht längst von sich selbst gesagt hätte. Heine hat sich – seine Rolle, seine Person und seine Arbeit – unermüdlich reflektiert, sowohl schonungslos selbstkritisch wie auch selbstverliebt; und was er über sich sagte, war trotz der Fallstricke narzisstischer Selbstbespiegelung selten ganz falsch.[4] So läuft jeder Interpret Gefahr, den autobiographisch vorgebahnten Spuren zu folgen. Diese Verlegenheit ist, für sich genommen, eine bemerkenswerte Tatsache, denn sie erklärt sich daraus, dass Heine der erste große *Zeitschriftsteller* gewesen ist. Heine ist einer der ersten Poeten, der im Zeitalter der entstehenden Massenpresse ein neues Zeitbewusstsein zum Ausdruck bringt. Für seine Schriftstellerei wird das historische Bewusstsein, das mit der Französischen Revolution über die Schwelle getreten ist, zur bestimmenden Kraft. Dieses Bewusstsein, in einer neuen, ja der »neuesten« Zeit (wie Hegel sagt) zu leben, schlägt sich einerseits in der aktualisierenden Umformung literarischer Gattungen, also in Heines Briefen, Reisebildern, Salonberichten und Geständnissen nieder, andererseits lädt es die bekannten lyrischen For-

---

[4] Wolfgang Hädecke beginnt seine Biographie (*Heinrich Heine*, München: Hanser 1985) mit einem Resümee von Heines berüchtigtem Memoire, dessen Selbstbeobachtungen durch den taktischen Zweck der Anfertigung dieses Schriftstückes nicht entwertet werden.

men mit Parteinahmen auf, macht aus ihnen »Zeitgedichte«. Das nervöse Bewusstsein einer an Fortschritt und Zukunft orientierten, von der Vergangenheit sich abkoppelnden Aktualität erzeugt in Heines Werk die bekannte, von Karl Kraus zu Unrecht beklagte Spannung zwischen Journalismus und Poesie. Heine ist ein intervenierender, in die Kämpfe der Zeit verwickelter Autor. Er nimmt die Zeitgeschichte als »Jagdgeschichte« wahr: »Es ist jetzt die Zeit der hohen Jagd auf die liberalen Ideen.« (II, S. 667) Wirkungsbewusst reflektiert Heine auf seine eigene Rolle im Sog eines fortlaufend publizistisch gegenwärtig gemachten Zeitgeschehens. Er weiß, dass er im Resonanzraum eines aktualitätsbewussten und parteinehmenden Lesepublikums schreibt.[5] Und er polarisiert seine Leser, weil er seine Schriften schon in Erwartung dissonanter Reaktionen verfasst. Diese Reflexivität, die Spiegelung in den Augen Stellung nehmender Leser, prädestiniert Heine auch zu jenem scharfsichtigen Autobiographen, dessen Selbstbeobachtungen uns nachgeborenen Interpreten immer schon zuvorkommen. Was Heine aber wirklich auszeichnet, ist die Verbindung des polemischen Bewusstseins eines politischen Schriftstellers mit dem Wahrheitspathos des empfindsamen Lyrikers, der sich zum unbestechlichen Seismographen der eigenen Regungen macht. Das einfühlende lyrische Ich, das sich in Heines Liedern und in vielen seiner späten Gedichte ausspricht, spielt auch dort, wo es zum Resonanzboden der Zeitgeschichte wird, den Gegenpart zum parteinehmenden Zeitgenossen. Das lyrische Ich will bloß Zeuge sein und ausdrücken, was aus den Tiefen der eigenen Subjektivität als wiederkehrende und von vielen geteilte, also allgemeine Erfahrung auftaucht.
Das neue Zeitbewusstsein, dem er literarisch die Zunge löst, macht Heine zu unserem Zeitgenossen. Wir teilen mit ihm das moderne Bewusstsein eines dynamisierten Zeitflusses, der wie Benjamins Engel von der Zukunft her auf die jetzt lebenden Ge-

---

5 Vgl. das zwölfte Kapitel in Jan-Christoph Hauschild/Michael Werner, *Heinrich Heine*, Köln: Kiepenheuer & Witsch 1997.

nerationen zustürzt, um diese aus der Vergangenheit herauszureißen und im Horizont ihrer jeweiligen Zukunft mit der Forderung zu konfrontieren, zwischen offenen Alternativen verantwortlich zu wählen und die richtige Antwort zu finden. Zugleich begreifen die Zeitgenossen den Motor, der den Zeitfluss derart beschleunigt, als »die Moderne«. Sie möchten diesem Prozess in die Speichen fassen, sei es, um die Modernisierung zu bremsen, sei es, um sie zu beschleunigen. Aus dieser Perspektive gewinnt die Zeitgeschichte nicht nur die Qualität eines Appells, dem sich die Gegenwart stellen muss. Der Geschichtsprozess gewinnt zugleich eine Richtung, so dass es Völker gibt, die zur Avantgarde gehören, und solche, die zurückbleiben. Es gibt jetzt einen Maßstab für das Avancieren, und am Avanciertesten bemisst sich die Gleichzeitigkeit des Ungleichzeitigen. So ist bekanntlich für Heine die deutsche Philosophie nichts anderes als der Traum der Französischen Revolution. Und Marx wird sagen, dass seine deutsche Gegenwart »unter dem Niveau der Geschichte« steht und in die »Rumpelkammer der modernen Völker« gehört.[6]

Die Dimensionen von Vergangenheit und Zukunft nehmen für die Zeitgenossen, je nachdem, wie sie die von der Modernisierung erwarteten Gewinne und Verluste gewichten, negative oder positive Werte an. Diese politische Einfärbung der Zeitdimensionen hatte sich räumlich zum ersten Mal in der Sitzordnung der französischen Nationalversammlung abgebildet. Die konservativen Geister scheiden sich von den liberalen. Die einen sind davon überzeugt, dass die Verluste, die mit der Desintegration überkommener Lebensformen eintreten, die in Aussicht gestellten Gewinne eines schimärischen Fortschritts überwiegen. Die anderen halten dem entgegen, dass der durchschnittliche Nettogewinn der schöpferischen Zerstörung die Schmerzen der Modernisierungsverlierer weit übertreffen wird. Schließlich zeichnet sich die Linke dadurch aus, dass sie für die

---

6 Karl Marx, »Zur Kritik der Hegelschen Rechtsphilosophie. Einleitung« [1844], in: *Marx-Engels-Werke*, Bd. 1, Berlin: Dietz 1976, S. 380, 379.

Paradoxien des Fortschritts sensibel ist: Die Wunden, welche die gesellschaftliche Modernisierung unvermeidlich schlägt, sollen nur durch den revolutionären Sprung in die wahre Moderne geheilt werden können.

So dachte auch Heine. Die entwurzelten Lebensformen der Vergangenheit bergen eine unantastbare Substanz, die die Männer der Tat nur dann für künftige Generationen retten können, wenn sie sich von einer dialektischen Lesart des Fortschritts leiten lassen. Heines Mentalität ist tief gezeichnet von dieser Ambivalenz zwischen dem fälligen Umsturz der repressiven Gewalten des Adels und der Kirche, welche zu seiner Zeit den Fortschritt aufhalten, und der Rettung eines versehrbaren, weil nicht regenerierbaren Menschheitserbes, das dem fanatischen Zugriff der Bilderstürmer entzogen bleiben muss. Der von der Julirevolution entzückte Heine feiert gewiss den Bruch mit der Vergangenheit: »[D]er Tradition wird alle Ehrfurcht aufgekündigt.« (III, S. 590) Als er jedoch nach der Revolution in Paris eintrifft, führt ihn sein erster Gang zur Bibliothèque Royale, wo er sich die Manessische Handschrift und die Manuskripte der Minnesänger zeigen lässt.

Wir sind Zeitgenossen dieses modernen Zeitbewusstseins geblieben. An der politischen Farbenlehre und der Sitzverteilung der Parlamente, in denen sich die Verlust- und Gewinnrechnung eines ökonomisch trivialisierten Fortschritts nach wie vor spiegelt, hat sich nichts geändert. Gewiss, im Hinblick auf die globale Angleichung gesellschaftlicher Infrastrukturen mag man behaupten, dass es heute nur noch moderne Gesellschaften gibt. Aber die gescheiterten Programme der Entwicklungshilfe und erst recht der Misserfolg naiver Versuche, demokratische Einrichtungen und Verfahren Hals über Kopf in beliebige Weltteile zu exportieren, belehren uns über die Ungleichzeitigkeit der kulturellen Gewohnheiten und Mentalitäten. So sehr wir uns mit Werturteilen über andere Kulturen zurückhalten, so selbstverständlich handhaben wir nach wie vor den Maßstab der Modernisierung, jedenfalls in den ökonomischen Maßeinheiten von Lohnstückkosten und Wettbewerbsfähigkeit. Täglich lesen wir ja, dass die europäischen Südländer hinter dem exportstarken Norden »zurückgeblieben« sind.

Was sich ebenso wenig geändert hat, sind die Suppenküchen für die Armen, die man heute vornehmer »Tafeln« nennt. Verbraucht hat sich jedoch das revolutionäre Pathos, das zu Heines Zeiten noch jugendfrisch war. Heine hatte eine zum *Code Napoléon* gereifte Französische Revolution im Rücken; hinter uns türmen sich die im Zeitalter der Extreme aufgehäuften Leichenberge der Geschundenen und Ermordeten. Wir leben in einer postrevolutionären und postheroischen Zeit; schon 1968 hatte die Revolution die Gattung gewechselt – von der Oper zur Operette. Was sich damit geändert hat, ist zwar nicht das Zeitbewusstsein als solches, aber das Modernitätsbewusstsein, das heißt die Einstellung der politisch Handelnden zum Zeitpfeil der ökonomischen und gesellschaftlichen Modernisierung. Diese hat inzwischen die Gestalt eines systemisch selbstläufigen Prozesses angenommen. Und dem sollen wir nicht mehr in die Speichen greifen können. Verschoben hat sich der *locus of control* vom mutigen Eingreifen zur verzagten Anpassung. Wir verhalten uns zur Zukunft nicht mehr im Modus von Herausforderung und Antwort, *challenge and response*, sondern – wie uns die Bundeskanzlerin einschärft – im Modus von TINA: *There is no alternative*.

An dieser Stelle könnten Heine-Kenner freilich einhaken, vor billiger Polemik warnen und den Spieß umdrehen: War es nicht gerade Heine, der in seiner Matratzengruft die revolutionären Jugendphantasien von der Herstellung des Himmelreichs auf Erden widerrufen hat? Hat er nicht den Fehler der Inflationierung von Ansprüchen und der Überforderung unserer politischen Kräfte eingesehen? Hat er nicht die Sünde der Selbstvergöttlichung mit einer späten Konversion zum Glauben an den persönlichen Gott abgegolten? Hätte nicht gar ein guter Schuss Fatalismus, jedenfalls Selbstbescheidung angesichts der Grenzen politischer Eingriffs- und Gestaltungsmöglichkeiten unsere Völker vor den Extremen des 20. Jahrhunderts bewahren können?

Allein, diese Fragen suggerieren nicht nur ein falsches Bild von Heine, sie legen auch die falschen Konsequenzen nahe. Statt politischen Ansprüchen, die sich ins Phantastische aufspreizen, begegnen wir heute einer Politik, die sich duckt. Wir alle ducken uns unter den Forderungen der Finanzmärkte und bestätigen durch Stillhalten die scheinbare Ohnmacht einer Politik, die die Masse der Steuerbürger anstelle der spekulierenden Anleger für den Schaden der Krise zahlen lässt. Heine hätte die Buchhalter der privatisierten Gewinne und der sozialisierten Kosten verspottet. Was hätte er, der ja den romantischen Blick zurück auch *gewürdigt* hat, wohl zur Entscheidung der stolzen Stadt Stralsund gesagt, die ihre mittelalterlichen Schätze an private Sammler verscherbeln wollte, weil die öffentlichen Kassen leer sind? Was zu der armen Ost-Londoner Gemeinde Tower Hamlets, die eine von Henry Moore gestiftete Skulptur aus demselben Grund verhökert? Die neokonservative Warnung vor normativen Überspanntheiten ist nicht die richtige Antwort auf einen normativ abgerüsteten, auf Markt- und Selbstausbeutungsimperative umgestellten Zeitgeist. Vor allem aber lese ich aus Heines später religiöser Wende etwas ganz anderes heraus als eine akkommodierende Unterwerfung unter höhere Gewalten. Wir müssen genau hinsehen, um festzustellen, was der späte Heine in seinen *Geständnissen* tatsächlich widerruft – und woran er festhält.

(3) Heine datiert seine religiöse Wende auf das Jahr 1848 – als die Revolution missglückte und zur gleichen Zeit seine lähmende Krankheit in ein bedrückendes Stadium eintrat. Bis dahin hatte Heine auf eine radikale Umwälzung gehofft, weil das Volk im Juli 1830 zwar für die Bourgeoisie einen Sieg erfochten, von diesem selbst jedoch nicht profitiert hatte. Aus dieser fast schon marxistischen Sicht war die Revolution, die Napoleon III. an die Macht brachte, ein Fehlschlag. Heine seufzt: »Eine Revolution ist ein Unglück, aber ein noch größeres Unglück ist eine

verunglückte Revolution.« (IV, S. 78) Unabhängig von persönlichen Motiven war Heines Enttäuschung über die Revolution von 1848 historisch nicht unberechtigt, jedenfalls im Hinblick auf sein Vaterland. Es sollte ein weiteres Jahrhundert dauern, bis sich eine Demokratie auf deutschem Boden dauerhaft durchsetzen konnte.

Vor diesem pessimistischen Hintergrund verschärften sich damals auch die politischen Differenzen zwischen Heine und den »deutschen Jakobinern« in Paris. Über die hässliche Spitaltracht ihres aschgrauen Gleichheitskostüms hatte Heine schon in seiner Schrift gegen Börne gelästert. In dieser Streitschrift hatte er bereits vor einer »Radikalkur« gewarnt, »die am Ende doch nur äußerlich wirkt«. Die bis 1848 nur köchelnde Furcht vor der Furie der gewaltsamen Gleichmacherei und des kunstfeindlichen Ikonoklasmus (»sie hacken mir meine Lorbeerwälder um, und pflanzen darauf Kartoffeln«; V, S. 232) fängt nach der – aus Heines Sicht verunglückten – Revolution von 1848 gewissermaßen an zu brodeln. Sie wird zu einem der Motive, die ihn »in jenen Tagen des allgemeinen Wahnsinns« zu einer Revision seiner *tatphilosophischen* Überzeugungen bewegen.

Bis dahin hatte sich Heine Hegels Philosophie des Geistes als die Nachzeichnung eines Prozesses der Selbstvergöttlichung des Menschen zurechtgelegt. Nach dieser Lesart soll Hegel gelehrt haben, »wie der Mensch zum Gotte werde durch Erkenntnis oder, was dasselbe ist, wie Gott im Menschen zum Bewußtsein seiner selbst gelangt« (VI, I, S. 479 sowie II, S. 510). Der vom Saint-Simonismus beeindruckte Heine war überzeugt, nur das »Schulgeheimnis« des deutschen Idealismus auszuplaudern, wenn er – als einer der ersten Junghegelianer – den Imperativ verkündete, vom Gedanken zur Tat, von der Theorie zur Praxis überzugehen. Allerdings hatte sich dieser philosophische Gedanke einer radikalen Umwälzung in Heines lyrischem Ich von Anfang an romantisch verfärbt. Die Partei der Blumen und der Nachtigallen sollte für die Verschwisterung der sozialen Gerechtigkeit mit Schönheit und Glück sorgen. Endlich sollte der Traum einer Versöhnung von Jerusalem mit Athen, den Hegel, Hölderlin und Schelling im Tübinger Stift geträumt hatten, in Erfüllung gehen. Endlich sollte der »Spiritualismus« mit dem »Sensualismus«, wie Heine jetzt sagt, also die egalitäre Befreiung der Gesellschaft mit einer Emanzipation der Sinne und des Fleisches verschmelzen. Diese Utopie klingt später noch in dem Wunsche nach, den »judäischen Asketismus« mit dem »hellenischen Naturell« zu versöhnen. Aber abschwören wird Heine nun dem überschwänglichen Revolutionsgedanken einer hybriden Selbstvergöttlichung. Dabei kann er seiner bis dahin unterdrückten Revolutionsfurcht freien Lauf lassen. So gesteht Heine 1854: »Gleich vielen anderen heruntergekommenen Göttern jener Umsturzperiode [also der Jahre 1830 bis 1848] mußte auch ich kümmerlich abdanken und in den menschlichen Privatstand wieder zurücktreten [...]. Ich kehrte zurück in die niedrige Hürde der Gottesgeschöpfe, und ich huldigte wieder der Allmacht eines höchsten Wesens.« (VI, I, S. 475)

Natürlich reflektiert der ans Bett gefesselte Heine auch auf die Gebrechlichkeit des hilfesuchenden Kranken als ein weit weniger überzeugendes Motiv seiner Umkehr. Er selbst hatte früher gehöhnt: »Auf dem Totenbette sind so viele Freidenker bekehrt worden« (III, S. 634) – und nun kroch er selbst zu Kreuze. So kann auch das beinahe kindlich Rührende des Lamentos, das er in seiner Matratzengruft anstimmt, nicht ganz den maliziösen Zweifel wegwischen, den der Gedanke an den karitativen Sinn seiner religiösen Wende in ihm weckt. Die Melodie von Heines Geständnis ist wie alles Übrige selbstironisch gebrochen:

»In diesem Zustand ist es eine wahre Wohltat für mich, daß es jemand im Himmel gibt, dem ich beständig die Litanei meiner Leiden vorwimmern kann, besonders nach Mitternacht, wenn Mathilde sich zur Ruhe begeben, die sie oft sehr nötig hat. Gottlob! In solchen Stunden bin ich nicht allein, und ich kann beten und flennen soviel ich will, und ohne mich zu genieren.« (VI, I, S. 476)

Dieser Tenor bestimmt auch die Art und Weise, wie sich der Lazarus Heine mit seinem Zustand *post mortem* beschäftigt. Diese besänftigende, fast schon versöhnte Melancholie hat uns eines seiner schönsten Gedichte beschert (VI, I, S. 113):

Keine Messe wird man singen/Keinen Kadosch wird
                                      man sagen,
Nichts gesagt und nichts gesungen/Wird an meinen
                                      Sterbetagen.

Doch vielleicht an solchem Tage/Wenn das Wetter schön
                                      und milde,
Geht spazieren auf Montmartre/Mit Paulinen Frau Mathilde.

Mit dem Kranz von Immortellen/Kommt sie mir
                                    das Grab zu schmücken
Und sie seuft: pauvre homme/Feuchte Wehmut in
                                      den Blicken.

Leider wohn ich viel zu hoch/Und ich habe meiner Süßen
Keinen Stuhl hier anzubieten/Ach! sie schwankt mit
                                      müden Füßen.

Süßes, dickes Kind, du darfst/Nicht zu Fuß nach Haus
                                      gehen;
An dem Barrieregitter/Siehst Du die Fiaker stehen.

(4) Für einen Heine-Vortrag wäre das ein schöner, ein angemessener Schluss, aber mein Gedanke hat noch ein lose hängendes Ende. Heine schwört zwar einem überschwänglichen Revolutionsgedanken ab, aber seinem Kampf, dem Kampf für die politische Durchsetzung der Menschenrechte, der »zehn Gebote

des neuen Weltglaubens«, bleibt er treu. Er bleibt, wie er selber sagt, »bei denselben demokratischen Prinzipien, denen meine früheste Jugend huldigte«. Wenn der alte Heine die Schwächen des souveränen Volkes beklagt, fällt er sich immer wieder ins Wort und entwickelt im Vorbeigehen das ganze sozialdemokratische Programm der kommenden Zeit. Es klingt schon ganz wie bei Brecht: »Diese Häßlichkeit [des Volkes] entstand durch den Schmutz und wird mit demselben schwinden, sobald wir öffentliche Bäder bauen, worin Seine Majestät das Volk sich unentgeltlich baden kann.« (VI, I, S. 468) Was immer die religiöse Wende für Heine persönlich bedeutet haben mag, intellektuell bedeutet die Ersetzung von Homer durch die Bibel eine tiefer liegende normative Verankerung seiner unverminderten politischen Radikalität. Heine nimmt jetzt die kantische Einsicht ernst, dass dem »lebenden Gesetz der Moral und de[m] Quell alles Rechts und aller Befugnis« das bloß Subjektive abgestreift werden muss. Der Moral und dem Recht kommt eine andere Art der Objektivität zu als der aus der Subjektivität geschöpften Kunst.

Heine hat immer schon mit einem religiösen Gestus gespielt. Er hatte dem Intellektuellen und Schriftsteller von Anfang an die Rolle des »Apostels« einer Freiheitsreligion zugeschrieben. Dass er sich dabei mit Saint-Simons und Hegels Hilfe, gut atheistisch, wesentliche Impulse des Alten Testamentes angeeignet hatte, kommt ihm im Alter auf andere Weise zu Bewusstsein. In der »Sittlichkeit des alten Judentums« erkennt er jetzt die egalitär-universalistischen Wurzeln seines eigenen militanten Gerechtigkeits- und Freiheitspathos wieder. Der bekehrte Heine muss an seiner Geschichtsbetrachtung keine großen Revisionen vornehmen, auch wenn protestantische Konversion und jüdische Herkunft nun nicht länger abgewehrt werden und sogar beide in einem affirmativen Licht erscheinen: Die Juden haben der Welt ihren Gott geschenkt und dessen Wort, die Bibel. Später ist das Buch der Bücher – im Zuge der Reformation – in alle Landessprachen übersetzt, über den Erdball

verbreitet und »der Exegese, der individuellen Vernunft« ausgehändigt worden. Das hat schließlich die »große Demokratie« gefördert »wo jeder Mensch nicht bloß König, sondern auch Bischof in seiner Hausburg sein soll«. (VI, I, S. 485)
Vor allem aber nimmt Moses nun ein überlebensgroßes Format an: Freiheit sei »immer des großen Emanzipators letzter Gedanke« gewesen, und dieser Gedanke habe sich »in allen seinen Gesetzen, die den Pauperismus betreffen«, entzündet. Freilich kann Heine das alte Vexierspiel nicht einmal im Angesicht des Todes lassen. Jeder Leser seiner Gedichte macht die Erfahrung, dass ihn dieser Autor zunächst lockt, sich dem einschmeichelnd-desublimierenden Sog des anrührenden Tones hinzugeben, dass er dann aber, spätestens in der letzten Zeile, den betörenden Bann bricht, um den fast schon gefangenen Leser vom Abgleiten ins Sentimentale abzuhalten. So streut Heine, weil ihn die feuerbachsche Religionskritik immer noch juckt, auch in seine Mosesverehrung augenzwinkernd solch eine »letzte Zeile« ein: »Gott verzeih mir die Sünde, manchmal wollte es mich bedünken, als sei dieser mosaische Gott nur der zurückgestrahlte Lichtglanz des Moses selbst, dem er so ähnlich sieht, ähnlich in Zorn und in Liebe.« (VI, I, S. 480)
Wie immer wir die religiöse Wende verstehen, eines ist sie nicht: Sie ist keine Deflationierung des Anspruchs auf eine Verbesserung dieser Welt. Heine hat am Ende seines Lebens die immer schon religiös getönte Glückssehnsucht des Poeten aufs Jenseits verschoben, aber das hat den Freiheitsenthusiasmus des Liedermachers, den politischen Zorn und die militante Auflehnung des in seinem Gerechtigkeitsgefühl getroffenen Intellektuellen und Bürgers nicht gebrochen. Er macht keine Abstriche an seiner kantisch inspirierten Geschichtsphilosophie in weltbürgerlicher Absicht. Kein Anzeichen spricht dafür, dass er den trostlosen Realismus derer, die »über unsre Freiheitskämpfe den Kopf schütteln«, im Alter weniger verachtet hätte als in jüngeren Jahren oder dass er nachgegeben hätte im Kampf gegen den Fatalismus derer, für die es »nichts Neues gibt unter der

Sonne«. Seine Polemik gegen die Geschichtsauffassung »der Weltweisen der historischen Schule«, der Savignys und der Rankes, bleibt in Kraft: »Sie lächeln über alle Bestrebungen eines politischen Enthusiasmus, der die Welt besser und glücklicher machen will.« (III, S. 21)

In seinen schwärzesten Momenten mag der alte Heine gedacht haben, dass nicht einmal die bestehende schäbige Balance zwischen Gut und Schlecht erhalten bleibt, wenn wir nicht ohne die Angst, uns zu blamieren, das Äußerste versuchen, um die Welt trotz allem besser zu machen. »Weltverbesserung« hat in Deutschland immer einen pejorativen Klang gehabt. Heute, in einer Zeit des rasenden Stillstandes, hat dieses Wort erst recht einen schrillen Beiklang. Unter dem Gewicht der lähmenden Komplexität eines »zu Geld gewordenen Gottes« (Heine) verbreitet sich die resignative Stimmung, dass sich zwar alles ändert, aber nichts mehr geht. Jeder über den Tag hinausgreifende Gedanke steht unter Verdacht. Und doch haben wir 100 Jahre nach Heines verunglückter Revolution von 1848 gesehen, dass es Fortschritte, wenigstens solche in der Legalität, gibt. Heines vorauseilende liberale Vorstellungen von einer Demokratie in Deutschland haben sich durchgesetzt. Warum sollten nicht auch seine europäischen Vorstellungen von der Überwindung der Nationalvorurteile mithilfe der List der ökonomischen Vernunft wahr werden können?

Als der 25-jährige Student Heine auf Einladung eines Freundes nach Polen reist, ist er vom überbordenden Patriotismus, den er dort antrifft, tief berührt. Angesichts des unglückseligen Schicksals dieser zum dritten Mal geteilten Nation ruft er aus: »Dieses Todeszucken des polnischen Volkskörpers ist ein entsetzlicher Anblick!« Das Mitgefühl hindert ihn jedoch nicht an der gleichzeitigen Überlegung:

> »[A]lle Völker Europas und der ganzen Erde werden diesen Todeskampf überstehen müssen, damit aus dem Tod das Leben, aus der heidnischen Nationalität die christliche Frater-

nität hervorgehe. Ich meine hier nicht alles Aufgeben schöner Besonderheiten, worin sich die [Vaterlands-]Liebe am liebsten abspiegelt, sondern jene [...] von unsern edelsten Volkssprechern Lessing, Herder, Schiller usw. am schönsten ausgesprochene allgemeine Menschenverbrüderung, das Urchristentum.« (II, S. 80f.)

Das ist es, was wir heute von Heine lernen können.

II.
Im Sog der Technokratie

4.

Stichworte zu einer Diskurstheorie des Rechts und des demokratischen Rechtsstaates[1]

Ich bin gebeten worden, zunächst an einige Motive für die Wahl des in *Faktizität und Geltung* entwickelten diskurstheoretischen Ansatzes zu erinnern (1-4) und anschließend Gesichtspunkte zu nennen, unter denen sich dieser Ansatz möglicherweise auch für weiterführende begriffliche Weichenstellungen in Richtung einer Konzeptualisierung der Konstitutionalisierung des Völkerrechts empfehlen könnte (5-10).
(1) Je mehr die Komplexität der Gesellschaft und der politisch zu regelnden Probleme zunimmt, umso weniger scheint es möglich zu sein, an der anspruchsvollen Idee von Demokratie, wonach die Adressaten des Rechts zugleich deren Autoren sein sollen, festzuhalten. Gegen diese Idee spricht schon auf den ersten Blick der inkrementalistische Politikmodus einer Exekutive, die auf die Imperative eigensinniger Funktionssysteme nur noch reagiert und daher die Wahl ihrer Politiken so weit wie möglich vom Legitimationsprozess entkoppelt. Aber auch unter diesen Bedingungen kann ein kommunikationstheoretischer Ansatz dem demokratischen Versprechen der Inklusion, also der Teilnahme aller Bürger am politischen Prozess, eine gewisse Plausibilität bewahren. Wir dürfen Wahlen und Abstimmungen nicht auf den Akt der Stimmabgabe einengen. Diese Voten erlangen erst in Verbindung mit einer vitalen Öffentlichkeit, das heißt mit der Dynamik des Für und Wider frei flottierender Meinungen, Argumente und Stellungnahmen das institutionelle Gewicht der Entscheidungen von Mitgesetzgebern.

---

[1] Es handelt sich um die revidierte Einleitung zu einem *Faktizität und Geltung* gewidmeten Seminar, das vom 11. bis 14. Februar 2013 im Max-Planck-Institut für ausländisches öffentliches Recht und Völkerrecht in Heidelberg stattfand.

Politische Wahlen sind etwas anderes als demoskopische Umfragen; sie sollen nicht nur ein Spektrum bestehender Präferenzen abbilden. Weil nun die digitale Revolution nur einen weiteren Schritt in der kommunikativen Vernetzung und Mobilisierung der Bürgergesellschaft darstellt, müssen wir von einem institutionell gefrorenen Bild des demokratischen Rechtsstaates Abschied nehmen. Die kommunikative Verflüssigung der Politik eignet sich als soziologischer Schlüssel für den realistischen Gehalt des Begriffs *deliberativer Politik*.[2] Und unter diesem Gesichtspunkt lässt sich auch die Konstruktion des Verfassungsstaates als ein Netzwerk rechtlich institutionalisierter meinungs- und willensbildender Diskurse begreifen.

(2) Ein weiteres, eher philosophisches Motiv für die Wahl des diskurstheoretischen Ansatzes ist die Auflösung des Paradoxes, das sich mit Max Webers Legitimitätstypus der »legalen Herrschaft« stellt: Wie soll die Entstehung von Legitimität aus bloßer Legalität möglich sein? Was verleiht einer durchgängig positivierten Rechtsordnung Legitimität, wenn alles als Recht gilt, was nach einem positiv gesetzten Verfahren erzeugt wird? Die Antwort des Rechtspositivismus besteht im Rekurs auf eine willkürlich adoptierte oder eingewöhnte Grundregel als geltungsbegründender Prämisse. Hingegen beruft sich das Naturrecht auf den privilegierten Zugang zur Erkenntnis unbedingt gültiger, weil kosmologisch verankerter oder theologisch begründeter Gesetze. Die voluntaristische Erklärung verfehlt den kognitiven Gehalt des Legitimitätsglaubens, die naturrechtliche stützt sich auf metaphysische Weltbilder, die in pluralistischen Gesellschaften nicht mehr allgemein überzeugen können.

Demgegenüber schreibt die Diskurstheorie dem Verfahren de-

---

2 Vgl. James F. Bohman/William Rehg (Hg.), *Deliberative Democracy. Essays on Reason and Politics*, Cambridge (MA): MIT Press 1997; vgl. für weitere Literaturangaben folgenden vorzüglichen Aufsatz: Stefan Rummens »Staging deliberation. The role of representative institutions in the deliberative democratic process«, in: *The Journal of Political Philosophy* 20/1 (März 2012), S. 23-44.

mokratischer Meinungs- und Willensbildung *selbst* legitimitätserzeugende Kraft zu. Dieses rechtlich institutionalisierte Verfahren begründet nämlich eine fallible Vermutung auf vernünftige Entscheidungen, wenn es annähernd zwei Bedingungen erfüllt: die gleichmäßige Inklusion aller Betroffenen bzw. ihrer Repräsentanten und die Rückbindung der demokratischen Entscheidung an den zwanglos-diskursiven Austausch der jeweils relevanten Themen und Beiträge (d. h. von Informationen, Gründen und Stellungnahmen). Die normative Quelle der Legitimität entspringt nach dieser Auffassung der Kombination aus der Einbeziehung aller Betroffenen und dem deliberativen Charakter ihrer Meinungs- und Willensbildung. Die Idee der freien und vernunftgeleiteten Ausbildung eines gemeinsamen Willens (d. h. eines Ergebnisses, das nach einem konsentierten Beratungs- und Entscheidungsverfahren als ein gemeinsam erzieltes Ergebnis akzeptiert wird) drückt sich also in der Verbindung von Inklusion und Deliberation aus.

(3) Ein drittes Motiv ist die Überbrückung des *prima facie* bestehenden Gegensatzes zwischen den beiden Legitimationsprinzipien der »Volkssouveränität« und der »Herrschaft der Gesetze«. In der Geschichte der politischen Theorie streiten sich die Anwälte des Liberalismus und des Republikanismus darüber, was Vorrang haben soll – die Freiheit der Modernen, das heißt die subjektiven Freiheitsrechte der Bürger moderner Wirtschaftsgesellschaften, oder die Freiheit der Alten, das heißt die politischen Teilnahmerechte der demokratischen Staatsbürger. Die Alternative führt auf beiden Seiten zu misslichen Konsequenzen. Entweder sind die Gesetze (einschließlich der Verfassung) nur dann legitim, wenn diese mit moralisch vorgegebenen Menschenrechten übereinstimmen. Dann kann aber der demokratische Gesetzgeber nicht souverän, sondern nur innerhalb gegebener Einschränkungen legitim entscheiden. Oder Gesetze (einschließlich der Verfassung) sind immer dann legitim, wenn sie aus demokratischer Willensbildung hervorgehen. Dann könnte sich jedoch das souveräne Volk eine beliebige Ver-

fassung geben und beliebige Normen beschließen, so dass Verstöße gegen die Normen der Rechtsstaatlichkeit nicht auszuschließen sind.

Demgegenüber kann die diskurstheoretische Begründung eines Systems der Rechte aus der Sackgasse herausführen und der Intuition der Gleichursprünglichkeit von Demokratie und Rechtsstaat Rechnung tragen. Denn vorausgesetzt, dass die verfassunggebenden Subjekte eine freiwillige Assoziation von freien und gleichen Rechtsgenossen *in der Sprache des modernen Rechts* deliberativ begründen wollen, können sie ihre erste souveräne Entscheidung erst treffen, nachdem sie sich *in abstracto* klargemacht haben, welche Arten von subjektiven Handlungsfreiheiten sie sich gegenseitig zugestehen müssen, bevor sie eine beliebige Materie *mit Mitteln des modernen Rechts* legitim regeln können. Ohne den Vorsatz, sich gegenseitig Rechte in der Art der bekannten klassischen Grundrechtskategorien zuzuerkennen, würde dem Verfassungsgesetzgeber überhaupt das Medium, also die Sprache, für legitime Rechtsetzung fehlen.

(4) Ein letztes Motiv ist die Schlichtung eines unbefriedigenden Streits zwischen dem liberalen und dem sozialstaatlichen Rechtsparadigma. Die grundbegriffliche Struktur dieses Streits erinnert an eine Rollentrennung, durch die sich das deontologische Verständnis des modernen Rechts von dem der Moral unterscheidet. Gemäß der kantischen Idee der Autonomie handeln Personen frei, wenn sie genau den Gesetzen *gehorchen*, die sie sich gemäß ihrer intersubjektiv gewonnenen Einsichten in das, was jeweils im gleichmäßigen Interesse aller liegt, *selber gegeben* haben. Nun verteilt das moderne Zwangsrecht diese beiden Momente des *gesetzestreuen* und des *gesetzgebenden* Willens auf verschiedene soziale Rollen, nämlich einerseits auf die des privaten Rechtsadressaten, der als Gesellschaftsbürger im Rahmen der Gesetze autonom handelt, und andererseits auf die des demokratischen Mitgesetzgebers, der von seiner staatsbürgerlichen Autonomie Gebrauch macht. Das Recht des modernen Staates spaltet die moralische Person gewissermaßen

auf in die beiden Personen des Gesellschafts- und des Staatsbürgers.

Die Interaktion zwischen diesen beiden, von jedem Bürger in Personalunion ausgeübten Rollen liefert nun den Schlüssel zur Beurteilung des liberalen und des sozialstaatlichen Rechtsparadigmas. So nennen wir die Modelle der Gesellschaft, in der (nach den Vorstellungen der juristischen Praktiker) das Recht des demokratischen Rechtsstaates operiert. Die »Privatrechtsgesellschaft« der Ordoliberalen, die das Gewicht der Legitimation einseitig auf die durch Wirtschaftsfreiheiten zu gewährleistende Chancengleichheit der Gesellschaftsbürger legt, hat im Zuge des Scheiterns der neoliberalen Wirtschaftspolitik eine unerwartete rhetorische Wiederbelebung erfahren. Aber auch das Sozialstaatsmodell beschränkt sich unter Gesichtspunkten der Verteilungsgerechtigkeit auf die subjektiven Ansprüche der Klienten wohlfahrtsstaatlicher Bürokratien, statt die Leistungen der sozialen Sicherungssysteme *auch* als Ermächtigung zur Teilnahme an der demokratischen Selbstgesetzgebung zu begreifen. Demgegenüber lenkt das dritte, das prozedurale Rechtsparadigma, das ich in *Faktizität und Geltung* diskutiert habe, die Aufmerksamkeit auf die Selbstautorisierung von Staatsbürgern, die kollektiv auf ihre gesellschaftlichen Existenzbedingungen Einfluss nehmen. Im Zentrum dieses Rechtsparadigmas stehen die *Rückkoppelungsschleifen* zwischen dem demokratischen Prozess, der im Interesse der Gesellschaftsbürger subjektive Rechte und Ansprüche erzeugt, sowie der Sicherung einer privaten Autonomie, die wiederum einen aktiven Gebrauch der öffentlichen Autonomie des Staatsbürgers erst möglich macht. Eine positive Rückkoppelung zwischen privater und öffentlicher Autonomie ist eine notwendige Bedingung für die Legitimität der Ordnung eines demokratischen Rechtsstaates. Diese Legitimität ist gefährdet in Gesellschaften mit zunehmender sozialer Spaltung, in denen sich eine negative Rückkoppelung schichtspezifisch einspielt. Hier verstärken sich gegenseitig die steigende Wahlenthaltung der marginalisierten und unterprivilegierten Gesellschaftsschichten auf der einen und die Bevorzugung von Politikmustern, die die Interessen dieser Bevölkerungssegmente vernachlässigen, auf der anderen Seite. Empirische Untersuchungen belegen das Vorliegen eines solchen Teufelskreises in den USA und anderen westlichen Gesellschaften.[3]

(5) Ich habe die diskurstheoretische Konzeption von Recht und demokratischem Rechtsstaat seinerzeit am Beispiel des Nationalstaates entwickelt, beschäftige mich aber seit 1989/90 aus nahe liegenden politischen Gründen mit dem europäischen Einigungsprozess und der Menschenrechtspolitik der Vereinten Nationen. Über Kants Friedensschrift bin ich dabei auch auf die juristische Literatur zur Konstitutionalisierung des Völkerrechts gestoßen.[4] Zur Frage, was der diskurstheoretische Ansatz zu dieser völkerrechtlichen Problematik beitragen könnte, kann ich nur einige tentative Überlegungen beisteuern. Zunächst möchte ich den Blickwinkel erläutern, der mir dafür angemessen erscheint.

Wenn man den demokratischen Rechtsstaat unter diskurstheoretischen Gesichtspunkten betrachtet, springt die Bändigung von Willkür und Gewalt politischer Herrschaft als die große historische Errungenschaft ins Auge. Die egalitäre Freiheitssicherung ist im moralisch praktischen Sinne eine zivilisierende Leistung, die man vom Effektivitätszuwachs der Organisationsleistungen des modernen Verwaltungsstaates, der »rationalen Staatsanstalt« im Sinne Max Webers, unterscheiden kann. Die diskurstheoretische Betrachtung legt es nahe, sowohl die durch Recht herbeigeführte *Zivilisierung* wie die durch Organisation ermöglichte *Rationalisierung* der Herrschaftsaus-

---

3 Claus Offe, »Participatory inequality in the austerity state: A supply-side approach«, in: Armin Schäfer/Wolfgang Streeck (Hg.), *Politics in the Age of Austerity*, Cambridge/Malden (MA): Polity Press 2013, S. 196-218.
4 Vgl. meine Überlegungen in: »Die Krise der Europäischen Union im Lichte einer Konstitutionalisierung des Völkerrechts. Ein Essay zur Verfassung Europas«, in: Jürgen Habermas, *Zur Verfassung Europas. Ein Essay*, Berlin: Suhrkamp 2011, S. 39-96.

übung im Vergleich zu den Alten Reichen als eine *Veränderung des Aggregatzustandes politischer Herrschaft* zu begreifen. Als eine Art Fortsetzung dieses Prozesses stellt sich dann auch jene Verrechtlichung der internationalen Beziehungen dar, die seit dem Ende des Zweiten Weltkrieges mit dem Übergang vom *koordinierenden* zum *kooperativen* Völkerrecht eingesetzt haben. Seit Gründung der Vereinten Nationen, der drei großen Weltwirtschaftsorganisationen (Weltbank, Internationaler Währungsfonds und Welthandelsorganisation) sowie informeller Verhandlungssysteme wie der G8 und G20 bilden sich sogar Ansätze zur *Konstitutionalisierung des Völkerrechts* heraus.[5] Diese Veränderungen des internationalen Rechts korrespondieren mit einem Wandel der internationalen Beziehungen: die Konstitutionalisierung des Völkerrechts steht im Zusammenhang mit der Ergänzung der nationalstaatlichen Regierungsmacht durch Organisationen, die ein Regieren jenseits des Nationalstaates möglich machen. Was ich unter dem politikwissenschaftlichen Gesichtspunkt als eine weitere *Verflüssigung der dezisionistischen Gewaltsubstanz der Herrschaftsausübung* begreife (7), erscheint unter dem juristischen Gesichtspunkt als eine *Veränderung in der Komposition des Rechtsmediums* (6). Diese Tendenzen verbinden sich allerdings einstweilen mit einem demokratischen Defizit (8), das nur auf dem Wege einer *Transnationalisierung der Demokratie* ausgeglichen werden könnte (9). Diese bedeutet etwas anderes als die Herstellung eines überdimensionalen Bundesstaates (10).

(6) Zugleich mit dem Aggregatzustand der politischen Herrschaft verändert sich auch die *Konstellation von Recht und politischer Macht*.[6] Diese Veränderung spiegelt sich im relativen

---

5 Vgl. zu dieser Einteilung der Völkerrechtsentwicklung Anne Peters, *Völkerrecht*, Zürich: Schultheiss 2006, S. 11 ff.
6 Rechtspluralistische Ansätze haben diese Veränderungen auf Verschiebungen im Machtverhältnis zwischen der öffentlichen Gewalt des Staates und der privaten Wirtschaftsmacht global operierender Unternehmen zurückgeführt und im Zuge der Zunahme von *public-private partnerships* voreilig eine Diffusion der rechtsetzenden Gewalt des Staates diagnostiziert. Nicht erst der Ernüchterungseffekt der Bankenkrise hat in der völkerrechtlichen Diskussion

Gewicht der Komponenten, aus denen sich das moderne Recht zusammensetzt. Der gewaltmonopolisierende Verfassungsstaat verleiht den geltenden Rechtsnormen gleichzeitig einen *legitimen* und einen *zwingenden* Charakter, weshalb Kant von der »Verknüpfung des allgemeinen wechselseitigen Zwangs mit jedermanns Freiheit« spricht.[7] Das zugleich legitime und zwingende Recht stellt die Bürger vor die Wahl, geltenden Normen entweder in der Erwartung von Sanktionen aus Eigeninteresse oder aber im Hinblick auf das Verfahren der demokratischen Rechtsetzung aus Achtung vor dem Gesetz zu folgen. Wenn man aber von der Prämisse ausgeht, dass ein gewaltmonopolisierender Weltstaat weder möglich noch wünschenswert ist, scheint eine dualistische Auffassung des Völker- und Staatenrecht umfassenden Rechtssystems unvermeidlich zu sein. Nach konventioneller Lesart kommt dem obligatorischen Staatenrecht, das kraft staatlicher Sanktionsgewalt durchgesetzt sowie von Gerichten und Verwaltungen implementiert wird, ein anderer Geltungsmodus und ein höherer Wirkungsgrad zu als dem Völkerrecht, dem die staatliche Sanktionsgewalt als Deckungsreserve fehlt. Das Völkerrecht stützt nach herkömmlicher Auffassung seine Autorität allein auf Gewohnheiten, internationale Verträge und allgemein anerkannte Rechtsprinzipien, also auf den Konsens der Staaten.

Diese Konsequenz ist freilich nur so lange unvermeidlich, wie wir davon ausgehen, dass die Anerkennung der Legitimität einer Rechtsordnung ohne den Hintergrund der staatlichen Zwangsandrohung einen durchschnittlichen Rechtsgehorsam

zu einer anderen Einschätzung der »öffentlichen Gewalt« in den internationalen Beziehungen geführt; vgl. Armin von Bogdandy/Philipp Dann/Matthias Goldmann, »Developing the publicness of public international law. Towards a legal framework for global governance activities«, in: *German Law Journal* 9/11 (2008), S. 1375-1400; vgl. allgemein zum »public turn« Nico Krisch, »Global governance as public authority. An introduction«, in: *International Journal of Constitutional Law* 10/4 (Oktober 2012), S. 976-987.

7 Immanuel Kant, »Einleitung in die Rechtslehre«, in: ders., *Werkausgabe*, Bd. VIII, *Die Metaphysik der Sitten*, herausgegeben von Wilhelm Weischedel, Frankfurt am Main: Suhrkamp 1968, S. 336-346, S. 339.

nicht garantieren kann. Diese Annahme trifft heute nicht mehr *durchgängig* zu. Das geltende europäische Recht ist ein drastisches Beispiel für die Verschiebung der Gewichte zwischen den Komponenten der Erzwingbarkeit des Rechts auf der einen, der Anerkennung seiner Legitimität und durchschnittlichen Befolgung des Rechts auf der anderen Seite. In der Europäischen Union genießt das supranationale Recht, sofern es nicht in qualifizierten Ausnahmefällen von den nationalen Verfassungsgerichten zurückgewiesen wird, Vorrang vor dem nationalen Recht der Mitgliedsstaaten, obgleich diese nach wie vor die Mittel der legitimen Gewaltanwendung monopolisieren. Im europäischen Recht, das sich als eigene Regelungsebene ausdifferenziert hat, hat sich das relative Gewicht zwischen jenen beiden Komponenten des Rechtsmediums offensichtlich zugunsten einer Anerkennung der Legitimität der überstaatlichen Autorität (von Rat und Parlament, Europäischem Gerichtshof und Kommission) verlagert.

Seit der Etablierung der Vereinten Nationen, der Zunahme internationaler Gerichte, dem Ausbau des Völkerstrafrechts und vor allem der rapiden Vermehrung internationaler Organisationen in allen möglichen Politikbereichen beobachten wir auch im Völkerrecht zumindest schwache Indizien für eine ähnliche Verschiebung zwischen der Sanktions- und der Legitimationskomponente. Wenigstens beginnt sich damit die Schere zwischen dem sanktionsbewehrten Geltungsmodus des Staatenund dem weichen Geltungsmodus des Völkerrechts zu schließen. Die Realität scheint sich, wenn auch im Schneckentempo, Hans Kelsens unitarischer Konzeption des Völkerrechts anzunähern. Um diese Tendenzen als solche zu erkennen, müssen wir sie freilich im Lichte eines flexibilisierten Rechtskonzepts wahrnehmen. Sobald wir den starren Begriff des modernen Rechts in entsprechender Weise modifizieren, erscheint es auch weniger unwahrscheinlich, dass die Inanspruchnahme der staatlichen Gewaltmonopolisten für den Vollzug unparteilich gefällter und gerichtlich kontrollierbarer Entscheidungen eines reformierten UN-Sicherheitsrates eines Tages zur Routine werden könnte.

(7) Heute zeigen sich auch auf internationaler Ebene Anzeichen für eine Rationalisierung der staatlichen Herrschaftsausübung, welche einer Veränderung in der Komposition des Rechtsmediums entspricht. Im klassischen Völkerrecht setzt der Begriff der staatlichen Souveränität noch einen (im Sinne der Schule Hans Morgenthaus) »realistischen« Begriff der Staatsmacht voraus. Die politische Macht sollte sich in der zweckrationalen Selbstbehauptung eines vermeintlich autonom handelnden Staates manifestieren. Dieser verfolgt auf der Bühne der konkurrierenden Mitspieler seine nationalen Interessen, ohne in seinem Handlungsspielraum durch Rücksichten auf die Staatengemeinschaft im Ganzen normativ eingeschränkt zu sein. Dieses Politikmuster der zweckrationalen Machtbehauptung und -optimierung findet seinen zugespitzten Ausdruck im *ius ad bellum*, dem Recht des souveränen Staates, nach subjektivem Ermessen, also ohne Rechtfertigungszwang, Kriege zu führen. Wie Carl Schmitt richtig gesehen hat, bedeutete die Derogation dieses Rechts, das heißt die Ächtung des Krieges, eine Zäsur in der Geschichte des Völkerrechts. Allerdings ist die Tatsache, dass Krieg in unserem postheroischen Zeitalter weder ein legales noch ein bevorzugtes Mittel zur Lösung internationaler Konflikte darstellt, nur das sichtbarste Zeichen einer Rationalisierung der Gewaltsubstanz staatlicher Macht.

Das dichte Netz internationaler Institutionen entzieht der Vorstellungswelt des klassischen Völkerrechts auf andere Weise die Basis. In einer hoch interdependenten Weltgesellschaft büßen sogar Weltmächte auf verschiedenen Politikfeldern ihre funktionale Autonomie ein. Angesichts der wachsenden Zahl von Problemen, die nur noch durch gemeinsames politisches Handeln gelöst werden können, sehen sich alle Staaten zur Kooperation genötigt. Das erklärt die Zunahme internationaler Organisationen mit weitreichenden regionalen oder gar globalen Zuständigkeiten und eine entsprechende Angleichung der klassischen Außenpolitik an innenpolitische Auseinandersetzungen. Der dezisionistische Kern der politischen Macht verflüssigt sich ein weiteres Mal im Schmelztiegel der Kommunikationsflüsse transnationaler Verhandlungen und Diskurse. Die Staaten können sich nicht mehr ausschließlich als souveräne und vertragschließende Subjekte verstehen; bei Gelegenheit handeln sie sogar als Mitglieder der internationalen Gemeinschaft.

(8) Aus dem diskurstheoretischen Blickwinkel entdecken wir andererseits das wachsende demokratische Defizit, das sich mit den beiden genannten Tendenzen verbindet.[8] Die Veränderungen in der Komposition des Rechtsmediums und der Ausübung politischer Macht erklären sich aus dem Eindringen deliberativer Elemente in die machtgesteuerten internationalen Beziehungen der systemisch zusammenwachsenden Weltgesellschaft. Aber mit der Verrechtlichung einer verdichteten Kooperation der Staaten hält die Inklusion der Bürger in die supranationalen Entscheidungsprozesse nicht Schritt. Vielmehr wird effektives Regieren jenseits des Nationalstaats einstweilen mit einer nicht kompensierten Aushöhlung der nationalstaatlichen Legitimationsprozesse bezahlt – sogar dort, wo eine supranationale Bündelung der Kompetenzen, wie es in der Europäischen Union der Fall ist, die rechtsstaatlichen Kontrollen nicht wesentlich beeinträchtigt. Die Verbesserung der Organisationsleistungen, die auf der supranationalen Ebene durch zwischenstaatliche Kooperation erreicht wird, können wir als eine *Rationalisierung* der Herrschaftsausübung begreifen; aber von einer *Zivilisierung* könnten wir erst sprechen, wenn die internationalen Organisationen ihre Befugnisse nicht nur auf der Grundlage internationaler Verträge, also *in Formen* des Rechts, sondern *gemäß demokratisch gesetztem* Recht, das heißt legitim ausüben würden.

8 Vgl. im Hinblick auf die internationale Gerichtsbarkeit Armin von Bogdandy/Ingo Venzke, »Zur Herrschaft internationaler Gerichte. Eine Untersuchung internationaler öffentlicher Gewalt und ihrer demokratischen Rechtfertigung«, in: *Zeitschrift für ausländisches öffentliches Recht und Völkerrecht* 70 (2010), S. 1-49.

Dazu eine einfache Überlegung. Selbst wenn alle Mitglieder einer internationalen Organisation lupenreine Demokratien sind, reicht die Legitimation der einzelnen Mitglieder mit enger werdender Kooperation und zunehmender Eingriffstiefe der beschlossenen Eingriffe immer weniger aus, um die Entscheidungen der Organisation im Ganzen zu rechtfertigen. Aus der Sicht der Bürger eines Nationalstaats besteht eine Asymmetrie zwischen der begrenzten Autorisierung des jeweils eigenen Repräsentanten und der Reichweite der von allen Repräsentanten gemeinsam getragenen Kompromisse, denn diese wirken sich unterschiedslos auf die Bürger aller beteiligten Nationalstaaten aus. Ein anderes Defizit kommt hinzu. Im Gegensatz zu den Entscheidungen nationaler Kabinette, die alle Politikfelder abdecken, ist die Arbeit funktional spezifizierter Organisationen auf bestimmte Zuständigkeitsbereiche begrenzt, so dass aus diesem engen Fokus die unerwünschten externen Effekte von Entscheidungen nicht berücksichtigt werden können. Aus beiden Gründen ist in die rechtliche Grundlage dieser Art der organisierten Zusammenarbeit ein Paternalismus eingebaut, der auch dann nicht beseitigt würde, wenn internationale Organisationen, wie vorgeschlagen wird, auf die Einhaltung bestimmter Menschenrechtsstandards verpflichtet werden könnten.[9]

(9) Den Umstand, dass ohnmächtige internationale Verhandlungssysteme wie die G8- oder G20-Konferenzen überhaupt ins Leben gerufen werden, verstehe ich als ein Symptom dafür, dass die Steuerungskapazität der bestehenden Institutionen durch die drängenden globalen Herausforderungen des Klimawandels, der weltwirtschaftlichen Krisen und Ungleichgewichte, der weltweiten Risiken der Großtechnik usw. überfordert wird. Die durch nationale Grenzen hindurchgreifenden systemischen Zwänge (beispielsweise des globalen Bankensektors) sind gesellschaftliche Naturgewalten, die domestiziert werden müssen. Mit dem Aufbau weiterer supranationaler Handlungs-

---

9 Cristina Lafont, »Alternative visions of a new global order. What should cosmopolitans hope for?«, in: *Ethics & Global Politics* 1/1-2 (2008), S. 41-60.

fähigkeiten, die diesen Regelungsbedarf befriedigen könnten, würde sich freilich das erwähnte Legitimitätsdefizit nur noch zuspitzen. Unter dem unschuldigen Etikett der »Governance« werden sich so lange technokratische Regimes ausbreiten, wie es nicht gelingt, auch für supranationale Autoritäten Quellen einer demokratischen Legitimation zu erschließen. Fällig ist eine Transnationalisierung der Demokratie. Dieses Projekt berührt das Verhältnis von Politik und Markt und begegnet dem von wirtschaftsliberaler Seite zu erwartenden politischen Widerstand. Es stößt jedoch auch seitens wissenschaftlicher Beobachter auf Skepsis.[10] In dieser Hinsicht kann die Diskurstheorie vielleicht dazu beitragen, die Hürden konkretistischer Denkgewohnheiten zu überwinden.

Ein demokratischer Legitimationsprozess wird sich über nationale Grenzen hinaus auf ein entstaatlichtes politisches Gemeinwesen (wie beispielsweise die Europäische Union) nur ausdehnen lassen, wenn sich die drei Bausteine, die für jede demokratische Ordnung konstitutiv sind, in supranationalen Mehrebenensystemen auf andere Weise als im Nationalstaat zusammensetzen lassen.[11] Nur der Nationalstaat bringt diese im sozialen Raum zur Deckung, nämlich das »Staatsvolk« (als Träger der politischen Willensbildung) mit dem »Staat« (als der Organisation, die die Bürger zu kollektivem Handeln befähigt) und der »verfassten Bürgergemeinschaft« (als der freiwilligen Assoziation von Freien und Gleichen). Die Idee, dass sich an der Konstituierung einer supranationalen Demokratie *Bürger und (die von Bürgern bereits konstituierten) Staaten gleichberechtigt* beteiligen können, gibt den Anstoß, über eine variable Geometrie dieser Bestandteile nachzudenken. Dabei darf das Konzept der »geteilten Souveränität« nicht missverstanden werden. Während

---

10 Peter Niesen (Hg.), *Transnationale Gerechtigkeit und Demokratie*, Frankfurt am Main 2012.
11 Vgl. dazu meine Überlegungen in: »Die Krise der Europäischen Union im Lichte einer Konstitutionalisierung des Völkerrechts. Ein Essay zur Verfassung Europas«, in: Jürgen Habermas, *Zur Verfassung Europas. Ein Essay*, Berlin: Suhrkamp 2011, S. 39-96.

im Rahmen von Bundesstaaten die subnationalen Einheiten (wie Kantone oder »Länder«) nur als die (von einem ungeteilten Souverän, dem Volk) *konstituierten* Bestandteile auftreten, würden die Mitgliedsstaaten einer supranationalen Demokratie die Rolle einer *konstituierenden* Macht spielen und aus diesem Grund innerhalb des konstituierten Gemeinwesens entsprechend stärkere Kompetenzen behalten.

(10) Die Implikationen dieses Gedankens kann man am Beispiel des hypothetischen Ausbaus der Europäischen Währungsunion zu einer Politischen Union veranschaulichen. Stellen wir uns einen verfassunggebenden Konvent vor, der die Gesamtheit der Bürger aus den beteiligten europäischen Staaten repräsentiert, und zwar jeden in seiner doppelten Eigenschaft als direkt beteiligten Bürger einer künftigen Politischen Union einerseits, als indirekt beteiligtes Mitglied eines der europäischen Völker andererseits (wobei diese wiederum ihre jeweilgen Regierungen beauftragt haben, die bisherigen Nationalstaaten als EU-Mitgliedsstaaten zu konstituieren). *Aufgrund dieser Zusammensetzung* der verfassunggebenden Versammlung aus europäischen Bürgern und aus europäischen Völkern würde der Prozess der Verfassunggebung selbst so kanalisiert, dass sich die legitimierende Kraft einer derart »geteilten« Volkssouveränität von vornherein nur auf Institutionen eines entstaatlichten supranationalen Gemeinwesens übertragen könnte.

In den verfassunggebenden Prozess wäre insofern eine Bremse gegen die Konstituierung eines Bundesstaates eingebaut, als die Repräsentanten der Völker mit dem Auftrag ihrer jeweiligen nationalen Staatsbürger abgeordnet worden wären, die Existenz der künftigen Mitgliedsstaaten in ihrer Rolle als Garanten *eines geschichtlich schon verwirklichten Niveaus der Freiheit* zu sichern. Daher würde keine der mitgliedsstaatlichen Kompetenzen, die zur Wahrnehmung dieser Rolle notwendig sind, zum Beispiel die administrative Umsetzung der EU-Beschlüsse oder das Gewaltmonopol, im verfassunggebenden Prozess selbst zur Disposition stehen.

Dieses Arrangement hätte vorhersehbare inhaltliche Folgen nicht nur für die Bestandssicherung der Mitgliedsstaaten, für ihren heute schon bestehenden Exit-Vorbehalt sowie für das Einstimmigkeitserfordernis bei Verfassungsänderungen. Konsequenzen ergäben sich vor allem im Hinblick auf eine vom bundesstaatlichen Muster abweichende Kompetenzverteilung. Stellen wir uns vor, der Konvent verfolgte seine Aufgabe auf dem Wege einer Reform der bestehenden EU-Verträge. Dann würde die Abweichung der künftigen Politischen Union vom Muster eines europäischen Bundesstaates schon an dem beizubehaltenden Kontrollrecht der nationalen Verfassungsgerichte erkennbar sein. Die Abweichung beträfe darüber hinaus die erforderliche *paritätische Beteiligung* der europäischen Bürger und der europäischen Völker (in Gestalt der Mitgliedsstaaten) an der Regierungsbildung, ferner die entsprechend doppelte Verantwortung der zur Regierung ausgestalteten Kommission gegenüber Europäischem Parlament und Rat und vor allem die durchgängige paritätische Teilnahme beider Institutionen an der Gesetzgebung. Beizubehalten wären auch die bestehende Dezentralisierung des staatlichen Gewaltmonopols sowie die einzelstaatliche Implementation der Gesetze, das heißt der Verzicht auf eine eigenständige föderale Verwaltungsebene.

Die Idee der *an der Wurzel* geteilten Souveränität würde für eine solche Kompetenzverteilung zwischen europäischen Institutionen und Mitgliedsstaaten natürlich nur die Weichen stellen, für die konkrete Ausgestaltung der staatlichen Organe und der Gewaltenteilung auf europäischer Ebene jedoch einen erheblichen Spielraum lassen. Man würde darüber streiten müssen, wie die aus parlamentarischen und präsidialen sowie aus Konkordanzdemokratien bekannten Elemente so zusammengefügt werden können, dass den europäischen Gegebenheiten unter dem normativen Gesichtspunkt eines *zugleich demokratischen und handlungsfähigen* supranationalen Gemeinwesens am besten Rechnung getragen wird.

5.

Im Sog der Technokratie
Ein Plädoyer für europäische Solidarität

(1) In ihrer aktuellen Form verdankt sich die Europäische Union der Anstrengung politischer Eliten, die so lange auf die passive Zustimmung ihrer mehr oder weniger unbeteiligten Bevölkerungen rechnen konnten, wie die Betroffenen davon, alles in allem, auch ihren ökonomischen Vorteil erwarten durften. Die Union hat sich in den Augen der Bürger vor allem durch ihre Ergebnisse legitimiert und nicht so sehr durch die Erfüllung eines politischen Bürgerwillens. Das erklärt sich nicht nur aus der Entstehungsgeschichte, sondern auch aus der rechtlichen Verfassung dieses eigentümlichen Gebildes. Die Europäische Zentralbank, die Kommission und der Europäische Gerichtshof haben im Laufe der Jahrzehnte am tiefsten in den Alltag der europäischen Bürger eingegriffen, obwohl sie der demokratischen Kontrolle fast ganz entzogen sind. Und der Europäische Rat, der in der gegenwärtigen Krise das Heft des Handelns energisch in die Hand genommen hat, besteht aus Regierungschefs, die aus der Sicht ihrer Bürger jeweils die eigenen nationalen Interessen im fernen Brüssel vertreten. Schließlich sollte wenigstens das Europäische Parlament eine Brücke zwischen dem politischen Meinungskampf in den nationalen Arenen und den folgenreichen Brüsseler Entscheidungen herstellen. Aber auf dieser Brücke herrscht kaum Verkehr.

So besteht auf der europäischen Ebene bis heute eine Kluft zwischen der politischen Meinungs- und Willensbildung der Bürger und den zur Lösung der anstehenden Probleme tatsächlich verfolgten Politiken. Auch deshalb sind die Vorstellungen über die Europäische Union und deren Zukunft in der breiten Bevölkerung nach wie vor diffus. Informierte Meinungen und artikulierte Stellungnahmen zum Kurs der europäischen Entwicklung sind bis heute weitgehend eine Sache von Berufspolitikern, Wirtschaftseliten und einschlägig interessierten Wissenschaftlern geblieben; nicht einmal die üblichen Intellektuellen haben sich diese Sache zu eigen gemacht.[1] Was die europäischen Bürger heute eint, sind die euroskeptischen Stimmungen, die sich in allen Mitgliedsstaaten, allerdings aus jeweils anderen, eher polarisierenden Gründen im Laufe der Krise verstärkt haben. Für die politischen Eliten ist dieser Trend zwar ein wichtiges Faktum, er ist jedoch nicht wirklich maßgebend für eine von den nationalen Arenen weitgehend entkoppelte Europapolitik. Die maßgebenden europapolitischen Lager formieren sich in den Kreisen, die über die *policies* entscheiden, nach strittigen Krisendiagnosen. In den entsprechenden Orientierungen spiegeln sich die bekannten politischen Grundeinstellungen.

Die europapolitischen Gruppierungen lassen sich nach Einstellungsvariablen unterscheiden, die in zwei Dimensionen liegen; es handelt sich dabei einerseits

– um gegensätzliche Einschätzungen des Gewichts von Nationalstaaten in einer zusammenwachsenden und hoch interdependenten Weltgesellschaft, sowie andererseits

– um die bekannten Präferenzen für oder gegen eine Stärkung der Politik gegenüber dem Markt.

Die Felder der Kreuztabelle, die sich aus der Kombination dieser Einstellungspaare im Hinblick auf die erwünschte Zukunft Europas bilden lassen, ergeben (in idealtypischer Vereinfachung) vier Muster: Unter den Verteidigern der nationalen Souveränität, denen die seit Mai 2010 gefassten Beschlüsse zum Europäischen Stabilitätsmechanismus (ESM) und Fiskalpakt schon zu weit gehen, befinden sich auf der einen Seite ordoliberale Anhänger eines schlanken, auf der anderen republikanische oder rechtspopulistische Anhänger eines starken Nationalstaates. Hingegen befinden sich unter den Befürwor-

---

[1] Justine Lacroix/Kalypso Nicolaides (Hg.), *European Stories. Intellectual Debates on Europe in National Contexts*, Oxford: Oxford University Press 2010.

tern der Europäischen Union und deren fortschreitender Integration auf der einen Seite Wirtschaftsliberale verschiedener Spielarten und auf der anderen Seite Befürworter einer supranationalen Zähmung der entfesselten Finanzmärkte. Wenn wir die Anwälte einer interventionistischen Politik noch einmal nach ihrer Position im Links-rechts-Spektrum aufspalten, können wir unter den Euroskeptikern nicht nur, wie erwähnt, die Republikaner bzw. Linkskommunitaristen von Rechtspopulisten unterscheiden, sondern auch im Lager der Integrationisten die Eurodemokraten von den Technokraten. Die Eurodemokraten dürfen freilich nicht kurzerhand mit »Euroföderalisten« gleichgesetzt werden, weil sich deren Vorstellungen zur wünschenswerten Gestalt einer supranationalen Demokratie nicht auf das Muster eines europäischen Bundesstaates beschränken.

Die Technokraten und Eurodemokraten bilden zusammen mit den europafreundlichen Wirtschaftsliberalen einstweilen die Allianz derer, die auf eine weitere Integration drängen, wobei nur die supranationalen Demokraten eine Fortsetzung des Einigungsprozesses mit dem Ziel anstreben, die für das bestehende Demokratiedefizit entscheidende Kluft zwischen *politics* und *policies* zu schließen. Alle drei Fraktionen haben Gründe, die bisher beschlossenen Sofortmaßnahmen zur Stabilisierung der gemeinsamen Währung mitzutragen, sei es aus Überzeugung oder *nolens volens*. Hauptsächlich dürfte dieser Kurs allerdings von einer weiteren Gruppe inkrementalistisch handelnder Pragmatiker verfolgt und durchgesetzt werden. Die machthabenden Politiker, die über den Kurs entscheiden, bewegen sich ohne eine ausgreifende Perspektive in Richtung »Mehr Europa«, weil sie die weitaus dramatischere und vermutlich kostspieligere Alternative einer Preisgabe des Euro vorerst vermeiden wollen.

Aus dem Blickwinkel unserer Typologie zeichnen sich allerdings Risse in diesem heterogenen Bündnis ab. Die Pragmatiker, die das Geschehen bestimmen, lassen sich von den kurzfristigen ökonomischen und tagespolitischen »Notwendigkeiten« ihr Schneckentempo vorschreiben, während die vorausschauenden proeuropäischen Kräfte in verschiedene Richtungen zerren. Die Marktradikalen möchten in erster Linie die Bindungen lockern, denen die Europäische Zentralbank bei ihrer selbstgewählten Refinanzierungspolitik immer noch unterliegt; die Interventionisten drängen, mit Rückenwind aus den gebeutelten Krisenländern, auf eine Ergänzung des von der deutschen Bundesregierung durchgesetzten Sparkurses durch gezielte Investitionsoffensiven, wobei den Technokraten vor allem an der Stärkung der Handlungsfähigkeit der europäischen Exekutive gelegen sein dürfte, während die Eurodemokraten unterschiedlichen Vorstellungen einer Politischen Union anhängen. Diese drei Kräfte streben aus verschiedenen Motiven in verschiedene Richtungen über den wackligen Status quo hinaus, an dem sich die unter Legitimationsdruck stehenden Regierungen angesichts der wachsenden Euroskepsis festklammern.

Die Dynamik der gegensätzlichen Motive lässt erkennen, dass die bestehende europafreundliche Koalition zerbrechen wird, sobald die ungelösten Probleme dazu nötigen, die Krise aus einem erweiterten Zeithorizont zu betrachten und zu bewältigen. Der von Kommission, Ratspräsident und Zentralbank ausgearbeitete Fahrplan für eine institutionelle Vertiefung der Wirtschafts- und Währungsunion verrät die Unzufriedenheit mit dem reaktiven Modus des bisherigen Vorgehens. Die Regierungschefs der Euro-Zone haben diesen Plan zunächst angefordert, aber sogleich wieder auf die lange Bank geschoben, weil sie vor dem heißen Eisen der formellen Übertragung von Souveränitätsrechten auf die europäische Ebene zurückschrecken. Bei einigen mögen die republikanischen Bindungen an den Nationalstaat noch zu stark sein, bei anderen mögen opportunistische Gründe der Erhaltung der eigenen Machtposition eine Rolle spielen. Was jedoch alle Pragmatiker verbindet, ist das Motiv, eine erneute Vertragsänderung zu vermeiden. Denn sonst müsste auch der Politikmodus verändert und die europäische

Einigung von einem Elitenprojekt auf den Bürgermodus umgestellt werden.[2]

(2) Jene drei europäischen Institutionen, die aufgrund ihres relativ großen Abstands zu den nationalen Öffentlichkeiten den geringsten Legitimationspflichten unterliegen und im Brüsseler Sprachgebrauch kurz »the institutions« heißen, also Kommission, Ratspräsidium und Europäische Zentralbank (EZB), haben für die Sitzung des Europäischen Rates am 13. und 14. Dezember 2012 Vorschläge vorgelegt, die eine kurze und in der Sache bereits diplomatisch abgespeckte Version eines wenige Tage zuvor von der Kommission veröffentlichten Reformkonzepts darstellen.[3] Dieses ist das erste ausführliche Dokument, worin die EU eine über die bloß aufschiebenden Krisenreaktionen hinausgehende Perspektive für mittel- und langfristige Reformschritte entwickelt. In diesem erweiterten Zeithorizont kommt nicht mehr nur jene zufällige Konstellation von Ursachen in den Blick, die seit 2010 zur Verflechtung der globalen Bankenkrise mit der Staatsschuldenkrise und dem verhängnisvollen Zirkel einer gegenseitigen Refinanzierung überschuldeter Euro-Staaten und kapitalschwacher Banken geführt hat; thematisiert werden vielmehr auch die weiter zurückreichenden Wirkungsketten der strukturellen, in der Währungsunion selbst angelegten makroökonomischen Ungleichgewichte.

Die Wirtschafts- und Währungsunion (WWU) ist in den neun-

---

2 Ich verteidige diese Alternative seit mehr als zwei Jahrzehnten; vgl. etwa Jürgen Habermas, »Staatsbürgerschaft und nationale Identität« [1990], in: ders., *Faktizität und Geltung. Beiträge zur Diskurstheorie des Rechts und des demokratischen Rechtsstaats*, Frankfurt am Main: Suhrkamp 1992, S. 632-660, hier S. 643-651; ders., »Nationalstaat und Demokratie im geeinten Europa«, in: ders., *Die postnationale Konstellation*, Frankfurt am Main: Suhrkamp 1998, S. 91-169; *Zur Verfassung Europas. Ein Essay*, Berlin: Suhrkamp 2011.
3 Europäische Kommission, »Ein Konzept für eine vertiefte und echte Wirtschafts- und Währungsunion: Auftakt für eine europäische Diskussion«, COM (2012) 777 final/2; online verfügbar unter: ⟨http://ec.europa.eu/commission_2010-2014/president/news/archives/2012/11/pdf/blueprint_de.pdf⟩ (Stand: April 2013). Im Folgenden zitiert als »Konzept«. Man sieht dem unübersichtlichen Papier an, dass es in Eile zusammengeschustert worden ist.

ziger Jahren nach den ordoliberalen Vorstellungen des Stabilitäts- und Wachstumspakts gestaltet worden. Sie wurde als tragendes Element einer Wirtschaftsverfassung konzipiert, welche die freie Konkurrenz unter den Marktteilnehmern über nationale Grenzen hinweg stimulieren und nach allgemeinen, für alle Mitgliedsstaaten verbindlichen Regeln organisieren sollte.[4] Auch ohne das in einer Währungsgemeinschaft fehlende Instrument der Abwertung nationaler Währungen sollten sich die Unterschiede, die im Niveau der Wettbewerbsfähigkeit zwischen den nationalen Volkswirtschaften bestanden, allmählich ausgleichen. Aber die Annahme, dass eine nach fairen Regeln entfesselte Konkurrenz zu ähnlichen Lohnstückkosten und gleichmäßigem Wohlstand führen und daher eine gemeinsame politische Willensbildung über fiskal-, haushalts- und wirtschaftspolitische Maßnahmen erübrigen würde, hat sich als falsch erwiesen. Weil die optimalen Bedingungen für eine gemeinsame Währung in der Euro-Zone nicht erfüllt sind, haben sich die von Anbeginn bestehenden strukturellen Ungleichgewichte zwischen den nationalen Ökonomien verschärft; und sie werden sich weiter intensivieren, solange die Europapolitik nicht mit dem Grundsatz bricht, dass jeder Mitgliedsstaat in Fragen der Fiskal-, Haushalts- und Wirtschaftspolitik ohne Rücksicht auf andere Mitgliedsstaaten souverän, also allein aus nationaler Perspektive entscheiden darf.[5]

Trotz einzelner Zugeständnisse hat die Bundesregierung an diesem Dogma bisher festgehalten. Die beschlossenen Reformen lassen die Souveränität der Mitgliedsstaaten, wenn auch nicht de facto, so doch der rechtlichen Form nach intakt. Dasselbe gilt für die verschärfte Überwachung der nationalen Haushaltspolitiken, für die Einrichtung von Kredithilfeinstrumenten für

---

4 Dieser Sachverhalt wird im »Konzept« (S. 2) vornehm mit dem Satz ausgedrückt: »Die WWU ist unter den modernen Währungsunionen insofern einmalig, als sie eine zentralisierte Währungspolitik mit dezentralisierter Verantwortung für die meisten wirtschaftspolitischen Bereiche verbindet.«
5 Schon früh Henrik Enderlein, *Nationale Wirtschaftspolitik in der europäischen Wirtschaftsunion*, Frankfurt am Main: Campus 2004.

überschuldete Staaten – Europäische Finanzstabilisierungsfazilität (EFSF) und ESM –, auch für die geplante Einrichtung einer Bankenunion und eine einheitliche, bei der EZB angesiedelte (!) Bankenaufsicht. Als erste Schritte auf dem Weg zu einer »gemeinsamen Ausübung der Souveränität von Einzelstaaten« könnte man bestenfalls die jetzt in Aussicht gestellten Pläne für eine einheitliche Abwicklung maroder Banken, für einen transnationalen Bankeneinlagensicherungsfonds und für eine WWU-weite Finanztransaktionssteuer begreifen.

Erst das erwähnte, jedoch zunächst auf Eis gelegte Reformkonzept der Kommission stellt sich der eigentlichen Krisenursache, nämlich der Fehlkonstruktion einer Währungsunion, die am Selbstverständnis eines Bündnisses souveräner Staaten (der »Herren der Verträge«) festhält. Am Ende eines verschlungenen und auf mehr als fünf Jahre angelegten Reformpfades sollen nach diesem Vorschlag drei wesentliche, allerdings vage umschriebene Ziele erreicht sein: *erstens* eine gemeinsame politische Willensbildung auf EU-Ebene über »integrierte Leitlinien« für die Koordinierung der einzelstaatlichen Fiskal-, Haushalts- und Wirtschaftspolitiken.[6] Das würde eine Abstimmung erfordern, die verhindert, dass die Politiken eines Mitgliedsstaates negative externe Effekte für die Wirtschaft eines anderen Mitgliedsstaates hat. *Zweitens* ist für länderspezifische Förderprogramme ein EU-Haushalt auf der Basis von Steuerhoheit und eigener Finanzverwaltung vorgesehen. Damit würde ein Handlungsspielraum für gezielte öffentliche Investitionen geschaffen, mit denen die in der Währungsgemeinschaft bestehenden strukturellen Ungleichgewichte bekämpft werden könnten. *Drittens* sollen Euro-Anleihen und ein Schuldentilgungsfonds die teilweise Vergemeinschaftung staatlicher Schulden ermöglichen. Damit würde die EZB von ihrer einstweilen informell

---

6 Dem entspricht die Befugnis der Kommission, »die Überarbeitung eines einzelstaatlichen Haushalts im Einklang mit Verpflichtungen auf EU-Ebene zu verlangen« (»Konzept«, S. 44); diese Kompetenz soll offenbar über die bereits bestehenden Verpflichtungen zur Haushaltsdisziplin hinausgehen.

übernommenen Aufgabe, der Spekulation gegen einzelne Staaten der Euro-Zone vorzubeugen, entlastet.

Diese Ziele ließen sich nur verwirklichen, wenn in der Währungsunion grenzüberschreitende Transferzahlungen mit den entsprechenden transnationalen Umverteilungseffekten in Kauf genommen würden. Unter Gesichtspunkten der verfassungsrechtlich gebotenen Legitimation müsste deshalb die Währungsgemeinschaft zu einer Politischen Union ausgebaut werden. Hierfür bringt der Kommissionsbericht natürlich das EU-Parlament ins Spiel und stellt mit Recht fest, dass eine engere »Zusammenarbeit zwischen den [nationalen] Parlamenten [...] noch nicht die demokratische Legitimität der EU-Beschlüsse« gewährleisten kann.[7] Andererseits nimmt die Kommission Rücksicht auf die Vorbehalte der Regierungschefs und verfährt nach dem Grundsatz, die Rechtsgrundlage des Lissabon-Vertrages in der Weise radikal auszureizen, dass sich die Kompetenzverschiebung von der nationalen auf die europäische Ebene schleichend und unauffällig vollziehen kann. Eine Änderung der Verträge soll bis zum Schluss der Reformperiode aufgeschoben werden.[8] Die neuen Instrumente, die zwischen den Volkswirtschaften eine Konvergenz der Wettbewerbsfähigkeit fördern[9] und eine Vergemeinschaftung der Schulden anbahnen[10] sollen, sind so konstruiert, dass sie die Fiktion einer fortbestehenden nationalen Haushaltsautonomie schonen.[11] Aller-

---

7 »Konzept«, S. 41.
8 Der Kommissionsvorschlag weicht (»Konzept«, S. 16) mit seiner »Wasch mich, aber mach mich nicht nass«-Strategie der fälligen Entscheidung aus: »Die Vertiefung sollte im Rahmen der Verträge geschehen, um eine Fragmentierung des Rechtsrahmens zu vermeiden, die die Union schwächen und die übergeordnete Bedeutung des EU-Rechts für die Dynamik der Integration infrage stellen würde.«
9 Das »Instrument für Konvergenz und Wettbewerbsfähigkeit bindet die schwerpunktmäßige finanzielle Förderung an Verträge, die einzelne Mitgliedsstaaten mit der Kommission abschließen« (»Konzept«, S. 25 ff. und Anhang 1).
10 »Konzept«, S. 33 ff. und Anhang 3.
11 Die Scheinautonomie der Mitgliedsstaaten und die Aushebelung der demokratischen Legitimation des Machtzuwachses einer freischwebenden, allein an den Europäischen Rat rückgebundenen Exekutive zeigt sich exempla-

dings zahlt die Kommission für die geschickte Konstruktion der gewissermaßen schwellenlosen Übergänge vom vermeintlichen Bund souveräner Staaten zu einer Politischen Union einen hohen Preis.

(3) Die kontinuierliche Reihenfolge der Reformschritte verschleiert nämlich den erforderlichen Sprung von der gewohnten, auf die eigene Nation eingeschränkten Sicht der politischen Willensbildung zu einer inklusiven Perspektive, die aus der Sicht jeder einzelnen Nation die Bürger der jeweils anderen Nationen mit einschließt. Eine *Verwischung dieses Perspektivenwechsels* verleugnet *die Innovation*, die schon jetzt in den Institutionen und Verfahren der Union angebahnt worden ist. In der Union führt das »ordentliche Gesetzgebungsverfahren«, soweit es zur Anwendung kommt, die Ergebnisse der politischen Willensbildung aus zwei institutionell getrennten, aber gleichberechtigt konkurrierenden Entscheidungsperspektiven zusammen. Dieses Verfahren bringt die Ergebnisse einer Interessenverallgemeinerung aus Kompromissen zwischen Staatsnationen mit denen einer europaweiten Interessenverallgemeinerung, die sich in der Vertretungskörperschaft der europäischen Bürger über nationale Grenzen hinweg vollzieht, in Einklang.

In den Planspielen der Kommission findet diese für das europäische Gemeinwesen konstitutive *Erweiterung der Wir-Perspektive vom Staatsbürger zum europäischen Bürger* einen verschämten Platz als eine Art Appendix. Die Einübung der Bürger in diese Doppelperspektive, aus der das politische Europa erst in ein anderes Licht getaucht würde, muss gewiss als ein Prozess

---

risch an dem Vorschlag eines »Instruments für Konvergenz und Wettbewerbsfähigkeit (CCI)«, den sich auch Angela Merkel auf dem Weltwirtschaftsforum in Davos (Januar 2013) zu eigen gemacht hat. Demnach würde die notwendige länderspezifische Förderung auf der Grundlage »des Dialogs zwischen Kommission und Mitgliedsstaaten« jeweils abhängig gemacht von einer vertraglichen Vereinbarung zwischen der Kommission einerseits und dem einzelnen, einen entsprechenden Antrag stellenden Staat andererseits.

vorgestellt werden. Aber die Perspektivenerweiterung hat mit den Wahlen zum Europäischen Parlament und vor allem mit der Fraktionsbildung der europäischen Abgeordneten gewissermaßen vorgreifend eine institutionelle Gestalt angenommen. Gleichwohl räumt der Kommissionsvorschlag dem Ausbau der Steuerungskapazitäten auch mittelfristig Vorrang vor einer entsprechenden Erweiterung der Legitimationsbasis ein, so dass *die nachholende Demokratisierung* wie das Licht am Ende des Tunnels als eine Verheißung dargereicht wird. Mit dieser Strategie bedient die Kommission natürlich auch das übliche Interesse der Exekutive an der Erweiterung ihrer Macht. Aber in erster Linie will sie offenbar eine Plattform anbieten, auf der sich Gruppen verschiedener politischer Orientierungen sammeln können.

Der Inkrementalismus kommt den Pragmatikern entgegen und der Ausbau der supranationalen Handlungsfähigkeit den Technokraten. Den Marktradikalen muss eine asymmetrisch konstruierte Union, die über eine starke, aber frei schwebende Exekutive verfügt, erst recht gefallen. Auf dem Papier mag die supranationale Demokratie das erklärte Ziel sein. Wenn sich jedoch die ökonomischen Zwänge funktional mit der technokratischen Flexibilität einer handlungsfähigen Exekutive verschränken, besteht die Wahrscheinlichkeit, dass der für das Volk geplante Einigungsprozess ohne Beteiligung des Volkes vor dem proklamierten Ziel abbricht. Ohne Rückkoppelung mit der Dynamik einer politischen Öffentlichkeit und einer mobilisierbaren Bürgergesellschaft fehlt dem politischen Management der Antrieb, um die Imperative der Gewinnorientierung des anlagesuchenden Kapitals mit Mitteln demokratisch gesetzten Rechtes und nach Maßstäben politischer Gerechtigkeit in sozial verträgliche Bahnen zu lenken. Deshalb sind die funktionalen Vorzüge einer gestärkten Handlungsfähigkeit der europäischen Organe ohne ausreichende demokratische Kontrolle nicht nur unter legitimatorischen Gesichtspunkten problematisch – sie würden ein bestimmtes Politikmuster strukturell verfestigen.[12] Einer demokratisch entwurzelten Technokratie fehlen sowohl die Macht wie das Motiv, die Forderungen der Wahlbevölkerung nach sozialer Gerechtigkeit, Statussicherheit, öffentlichen Dienstleistungen und kollektiven Gütern im Konfliktfall gegenüber den systemischen Erfordernissen von Wettbewerbsfähigkeit und Wirtschaftswachstum ausreichend zu berücksichtigen.

Mit dem Reformkonzept werden alle Gruppierungen bedient, nur nicht die Eurodemokraten. Gewiss, wir befinden uns in der Zwickmühle zwischen dem, was zur Erhaltung des Euro wirtschaftspolitisch getan werden muss, und den dafür nötigen, jedoch unpopulären, jedenfalls unmittelbar auf den Widerstand der Bevölkerungen treffenden Schritten zu einer engeren Integration. Aber die Pläne der Kommission spiegeln die Versuchung, diese Kluft zwischen dem ökonomisch Erforderlichen und dem, was politisch machbar erscheint, *auf technokratischem Weg* zu überbrücken. Dieser Weg birgt die Gefahr, dass sich die Schere zwischen einer Konsolidierung der Steuerungsfähigkeit einerseits und der gebotenen demokratischen Legitimation dieser gewachsenen Kompetenzen andererseits noch weiter öffnet. In diesem technokratischen Sog könnte sich die EU vollends dem zweifelhaften Ideal einer marktkonformen Demokratie angleichen, die ohne Verankerung in einer politisch mobilisierbaren Gesellschaft den Imperativen der Märkte umso widerstandloser ausgesetzt wäre. Dann würden die nationalen Egoismen, welche die Kommission zähmen möchte, zusammen mit der von »Vertrauenspersonen der Märkte« ausgeübten technokratischen Herrschaft ein explosives Gemisch bilden.[13]

Außerdem beruht die Strategie einer hinausgeschobenen De-

---

12 Vgl. dazu die einschlägigen Arbeiten von Wolfgang Streeck, zuletzt »Varieties of what? Should we still be using the concept of capitalism?«, in: Julian Go (Hg.), *Political Power and Social Theory* 23, S. 311-321; ders., *Gekaufte Zeit. Die vertagte Krise des demokratischen Kapitalismus*, Berlin: Suhrkamp 2013.
13 Wolfgang Streeck, »Von der Demokratie zur Marktgesellschaft«, in: *Blätter für deutsche und internationale Politik* 12 (2012), S. 61-72.

mokratisierung auf einer keineswegs realistischen Reihenfolge der kurz-, mittel- und langfristigen Reformschritte. Zwar sind es die langfristig wirkenden Ursachen, die zu den radikalen Schritten einer echten Koordinierung der Haushaltspolitiken, einer gezielten Förderung nationaler Wettbewerbsfähigkeiten und der Vergemeinschaftung von Schulden herausfordern; deshalb dürfen diese Reformen aber nicht ihrerseits, aus Rücksicht auf die Fiktion einer unangetasteten nationalen Autonomie, langfristig angelegt werden. Was die Finanzmarktspekulationen vorübergehend beruhigt hat, waren ja weniger die halbherzigen Rettungsschirme oder die angekündigten Kontrollen von Haushaltsvoranschlägen als vielmehr die Ersatzleistung jener »finanziellen Brandmauer«, die EZB-Chef Mario Draghi mit einer einzigen vertrauensbildenden Ankündigung errichten konnte. Zudem dürften sich Kommission und Rat kaum an den nationalen Öffentlichkeiten vorbei in eine Politische Union hineinmogeln können, ohne mit der schrittweisen Zentralisierung von tatsächlich ausgeübten Kompetenzen den Bogen des europarechtlich Erlaubten zu überspannen. Schon die sekundärrechtliche Ermächtigung der Kommission zur Haushaltsüberwachung (durch die »Sixpack«- und »Twopack«-Gesetzgebung) überzieht das Legitimationskonto der geltenden Verträge und verdient den Argwohn der nationalen Verfassungsgerichte und Parlamente.

(4) Aber was ist die Alternative zu einem Voranschreiten der Integration nach dem Muster des Exekutivföderalismus? Betrachten wir zunächst die politischen Weichenstellungen, die auf dem Weg zu einer demokratisch legitimierten Entscheidung über die Zukunft Europas am Anfang stehen müssten. Die drei wichtigsten liegen auf der Hand:

(a) Nötig ist zunächst eine konsequente Entscheidung für den Ausbau der Europäischen Währungsgemeinschaft zu einer Politischen Union, die für den Beitritt anderer EU-Mitgliedsstaaten, insbesondere Polens, offensteht. Obwohl mit dem Schengener Abkommen und der Einführung des Euro schon eine

Union der verschiedenen Geschwindigkeiten entstanden ist, bedeutet erst dieser Schritt eine interne Differenzierung in Kern und Peripherie. Wie die verfassungsrechtlichen Konsequenzen aussähen, würde wesentlich vom Verhalten Großbritanniens abhängen, das eine Rückübertragung bestimmter europäischer Befugnisse auf die nationale Ebene verlangt. Zu fürchten und zudem nicht ganz auszuschließen ist eine Situation, die für eine weitere Integration die Neugründung der Union (auf der Grundlage und in Fortentwicklung der bestehenden Institutionen) erzwingen könnte.

(b) Die Entscheidung für ein Kerneuropa würde mehr als nur einen weiteren evolutionären Schritt in der Übertragung einzelner Hoheitsrechte bedeuten. Mit der Etablierung einer gemeinsamen Fiskal-, Haushalts- und Wirtschaftspolitik, erst recht mit einer aufeinander abgestimmten Sozialpolitik würde die rote Linie des klassischen Verständnisses von Souveränität überschritten. Die Vorstellung, dass die Nationalstaaten »die Herren der Verträge« sind, müsste aufgegeben werden. Wie sich an der politischen Rolle des Europäischen Rates im Laufe der gegenwärtigen Krise und an der Rechtsprechung des Bundesverfassungsgerichts zeigt, ist diese Vorstellung mehr als eine Fiktion. Andererseits ist es unnötig, den Schritt zur supranationalen Demokratie als Übergang zu den »Vereinigten Staaten von Europa« zu begreifen. Staatenbund oder europäischer Bundesstaat ist die falsche Alternative (und ein sehr spezielles Erbe der deutschen Staatsrechtsdiskussion des 19. Jahrhunderts).[14] Die einstweilen fehlenden, für eine Währungsgemeinschaft allerdings funktional notwendigen Steuerungskompetenzen könnten und sollten vielmehr im Rahmen eines *überstaatlichen* und gleichwohl *demokratischen* Gemeinwesens zentral ausgeübt werden. Innerhalb einer supranationalen Demokratie sollten die Nationalstaaten jedoch, zusammen mit ihrer staatlichen

---

14 Stefan Oeter, »Föderalismus und Demokratie«, in: Armin von Bogdandy/Jürgen Bast (Hg.), *Europäisches Verfassungsrecht*, Heidelberg: Springer 2010, S. 73-120.

Substanz (des Gewaltmonopols und der implementierenden Verwaltung), in der freiheitssichernden Funktion von demokratischen Rechtsstaaten erhalten bleiben.[15]
(c) Auf der Verfahrensebene schließlich bedeutet die Entthronung eines heute noch über dem Gesetzgebungsprozess stehenden Europäischen Rates die Umstellung vom Intergouvernementalismus auf die Gemeinschaftsmethode. Solange das ordentliche Gesetzgebungsverfahren, an dem Parlament und Rat gleichberechtigt beteiligt sind, nicht zum Regelfall wird, teilt die EU mit allen Organisationen, die auf zwischenstaatlichen Verträgen beruhen, ein Legitimationsdefizit. Dieses erklärt sich aus der Asymmetrie zwischen der Reichweite des demokratischen Mandates der Mitglieder und dem Zuständigkeitsbereich der Organisation, die diese bilden.[16] Auch der Europäische Rat müsste sich ohne Umstellung auf einen anderen Regierungsmodus immer weiter gegenüber seinen Mitgliedern verselbstständigen. Denn je mehr sich die Kooperation der nationalen Exekutiven mit zunehmendem Umfang und Gewicht der Aufgaben verdichtet, umso weniger können sich die Entscheidungen des Rates allein auf die Art von Legitimation stützen, die sich aus dem demokratischen Charakter seiner Mitglieder herleitet. In dem Maße, wie das Erfordernis der Einstimmigkeit auch nur informell ausgehöhlt wird, bedeutet supranationales Regieren Fremdbestimmung. Aus der Sicht der nationalen Wähler bestimmen dann nämlich fremde Regierungen, die die Interessen anderer Nationen vertreten und die sie durch nationale Wahlen nicht beeinflussen können, über ihr politisches Schicksal mit. Befördert wird dieses Legitimationsdefizit noch durch die fehlende Öffentlichkeit der Verhandlungen.

---

15 Vgl. meinen Aufsatz »Die Krise der Europäischen Union im Lichte einer Konstitutionalisierung des Völkerrechts. Ein Essay zur Verfassung Europas«, in: Jürgen Habermas, *Zur Verfassung Europas. Ein Essay*, Berlin: Suhrkamp 2011, S. 39-96, insbesondere S. 62-74.
16 Christoph Möllers, *Die drei Gewalten. Legitimation der Gewaltengliederung in Verfassungsstaat, Europäischer Union und Internationalisierung*, Weilerswist: Velbrück 2008, S. 158 ff.

Die Gemeinschaftsmethode empfiehlt sich nicht nur aus diesem normativen Grund, sie dient gleichzeitig der Effektivität, weil sie den nationalstaatlichen Partikularismus überwinden hilft. Im Rat, aber auch in interparlamentarischen Ausschüssen müssen Repräsentanten, die zur Wahrnehmung nationaler Interessen verpflichtet sind, Kompromisse zwischen schwer beweglichen Interessenlagen herbeiführen.[17] Hingegen werden die Abgeordneten des in Fraktionen gegliederten Europaparlaments unter Gesichtspunkten der Parteipräferenz gewählt. Deshalb kann die politische Willensbildung im Europäischen Parlament in dem Maße, wie sich ein europäisches Parteiensystem herausbildet, schon auf der Grundlage von europaweit verallgemeinerten Interessenlagen stattfinden.

(5) Diese drei Weichenstellungen lassen sich nur über die hohe institutionelle Hürde einer Änderung des Primärrechts verwirklichen. Der Europäische Rat, also die Institution, die aus den genannten Verfahrensgründen große Schwierigkeiten zu überwinden hätte, um zu einem Konsens zu gelangen, müsste daher die Einberufung eines zur Vertragsänderung befugten Konvents beschließen. Auf der einen Seite schrecken die Regierungschefs schon im Gedanken an ihre Wiederwahl vor diesem unpopulären Schritt zurück; auch eine Selbstentmachtung liegt nicht in ihrem Interesse. Auf der anderen Seite werden sie sich den ökonomischen Zwängen, die über kurz oder lang zu einer weiteren Integration und damit zur Wahl zwischen den vorgestellten Alternativen drängen, nicht entziehen können. Vorerst beharrt die deutsche Bundesregierung auf dem Vorrang der Sanierung der einzelstaatlichen Haushalte in nationaler Regie und zu Lasten der sozialen Sicherungssysteme, der öffentlichen Dienstleistungen und kollektiven Güter, das heißt zu Lasten der ohnehin benachteiligten Schichten der Bevölkerung.

17 Das Verfahrensargument ist noch der am wenigsten ehrenrührige Grund für die Unfähigkeit des Europäischen Rates, die Krise kooperativ zu bewältigen. Das Politikversagen der Regierungen der Euro-Zone hat nur wegen eines kaum legitimierten Eingreifens der EZB bisher keine historische Dimension angenommen.

Zusammen mit einigen kleineren »Geberländern« blockiert Deutschland die Forderung der übrigen Mitglieder nach Programmen für gezielte Investitionshilfen und nach einer gemeinsamen finanziellen Haftung, welche die Zinsen für die Staatsanleihen der Krisenländer senken würde.

In dieser Situation hält die Bundesregierung die Schlüssel für das Schicksal der Europäischen Union in der Hand. Wenn es überhaupt unter den Mitgliedsstaaten eine Regierung gibt, wäre sie es, die die Initiative zu einer Änderung der Verträge ergreifen kann. Die anderen Regierungen dürften freilich solidarische Hilfe nur fordern, wenn sie selbst zu dem verfassungspolitisch gebotenen komplementären Schritt einer Übertragung von Souveränitätsrechten auf die europäische Ebene bereit wären. Unter anderen Bedingungen würde jede solidarische Hilfe den demokratischen Grundsatz verletzen, dass der Gesetzgeber, der für die nötigen Transferleistungen Steuern erhebt, identisch ist mit derjenigen Institution, der die für die Mittelverwendung zuständigen Instanzen auch verantwortlich sind. Es stellt sich daher die Frage, ob die Bundesrepublik Deutschland nicht nur zu der entsprechenden Initiative in der Lage ist, sondern auch ein Interesse daran haben kann.

An dieser Stelle geht es mir nicht in erster Linie um die gemeinsamen Interessen der Mitgliedsstaaten – etwa um das Interesse an den mittelfristigen ökonomischen Vorteilen einer Stabilisierung der Währungsgemeinschaft für alle; oder das Interesse an der Selbstbehauptung eines Kontinents, der gegenüber dem wachsenden ökonomischen Gewicht anderer Weltmächte an Bedeutung verliert. Die Wahrnehmung der weltpolitischen Machtverschiebung von West nach Ost und das Gespür für eine Veränderung im Verhältnis zu den USA rücken ja die synergetischen Vorteile einer europäischen Einigung in ein helles Licht. In der postkolonialen Welt hat sich die Rolle Europas nicht nur im Rückblick auf die fragwürdige Reputation ehemaliger Imperialmächte verändert, ganz zu schweigen vom Holocaust. Auch die statistisch gestützten Zukunftsprojektionen sagen Europa das Schicksal eines Kontinents mit einer schrumpfenden Bevölkerung, mit abnehmendem ökonomischem Gewicht und schwindender politischer Bedeutung voraus. Angesichts dieser Entwicklungen müssen die europäischen Bevölkerungen erkennen, dass sie ihr sozialstaatliches Gesellschaftsmodell und die nationalstaatliche Vielfalt ihrer Kulturen nur noch gemeinsam behaupten können. Sie müssen ihre Kräfte bündeln, wenn sie überhaupt noch auf die Agenda der Weltpolitik und die Lösung globaler Probleme Einfluss nehmen wollen. Der Verzicht auf die europäische Einigung wäre auch ein Abschied von der Weltgeschichte.

Diese Interessen fallen gewiss in die Waagschale, wenn es um eine europaweite Willensbildung über das Ziel des Einigungsprozesses geht, das sich ja nicht im ökonomischen Vorteil erschöpft. Aber in unserem Zusammenhang geht es um das Interesse des Staates, der nach Lage der Dinge die Initiative ergreifen müsste: Hat nicht Deutschland auch noch ein besonderes, aus seiner nationalen Geschichte begründetes Interesse, das über die gemeinsamen Interessen der Mitgliedsstaaten hinausgeht?

Nach dem Zweiten Weltkrieg und der moralischen Katastrophe des Holocaust war die diplomatische Förderung einer Allianz mit Frankreich und der europäischen Einigung für die am Boden liegende und politisch-moralisch belastete Bundesrepublik schon aus Klugheitsgründen geboten, um die von eigener Hand zerstörte internationale Reputation zurückzugewinnen. Aber die behutsam-kooperativ betriebene Einbettung in eine nachbarschaftliche europäische Umgebung hat vor allem ein historisch weiter zurückliegendes Problem gelöst, dessen Wiederkehr zu fürchten wir gute Gründe haben. Nach der Gründung des Kaiserreiches im Jahre 1871 hat Deutschland in Europa eine verhängnisvolle »halbhegemoniale Stellung« eingenommen – nach den Worten Ludwig Dehios »zu schwach, um den Kontinent zu beherrschen, aber zu stark, um sich einzuordnen«.[18]

---

18 Vgl. die interessante, aber immer noch nationalhistorisch geprägte Analyse

Zu verhindern, dass sich dieses erst dank der europäischen Einigung überwundene Dilemma erneut stellt, liegt eindeutig im Interesse der Bundesrepublik.

Darum enthält die krisenhaft zugespitzte europäische Frage auch eine innenpolitische Herausforderung. Denn die Führungsrolle, die der Bundesrepublik heute wegen ihres demographischen und ökonomischen Gewichts zufällt, weckt nicht nur ringsum historische Erinnerungen an das deutsche Besatzungsregime im Zweiten Weltkrieg, sondern nährt auch in Deutschland selbst fatale Vorstellungen. Das seit 1989/90 offiziell geförderte Bewusstsein einer wiedergewonnenen nationalstaatlichen Normalität ist zweischneidig. Es lässt sich zu Machtphantasien aufblasen, die entweder in die Richtung eines nationalen Alleingangs oder in die eines nicht minder fragwürdigen »deutschen Europas« drängen. Die Katastrophen der ersten Hälfte des 20. Jahrhunderts sollten uns über unser nationales Interesse an der nachhaltigen Vermeidung des kaum zu beherrschenden Dilemmas einer halbhegemonialen Stellung belehrt haben. Nicht die Wiedervereinigung ist das eigentliche Verdienst von Helmut Kohl, sondern die Verkoppelung dieses glücklichen nationalen Ereignisses mit der konsequenten Fortführung einer Politik, die Deutschland in Europa fest einbindet.

Darüber hinaus stellt sich die Frage, ob die Bundesrepublik nicht nur eigene *Interessen* an der Verfolgung einer solidarischen Politik hat, sondern dazu auch *aus normativen Gründen verpflichtet* ist. Eine normative Verpflichtung zu Solidarleistungen versucht Claus Offe mit drei ökonomischen Argumenten zu begründen: Durch die Steigerung seiner Exporte hat das Land von der Gemeinschaftswährung bisher am meisten profitiert. Aufgrund dieser Exportüberschüsse trägt Deutschland ferner zur Verschärfung der ökonomischen Ungleichgewichte in der Währungsunion bei und ist in der Rolle eines Mitverursachers Teil des Problems. Schließlich profitiert die Bundesrepublik auch

von Andreas Rödder, »Dilemma und Strategie«, in: *Frankfurter Allgemeine Zeitung* (14. Januar 2013), S. 7.

noch von der Krise selbst, denn der Verteuerung der Kredite für die überschuldeten Krisenländer entspricht die Verbilligung der eigenen Staatsanleihen.[19] Außerdem profitiert der Arbeitsmarkt vom Zuzug junger, gut ausgebildeter Leute, die in den Krisenländern für sich keine Zukunft sehen.

Freilich ist die normative Prämisse, unter der aus den asymmetrischen Folgen der politisch unbeherrschten Interdependenzen zwischen den nationalen Ökonomien der EWU-Mitgliedsstaaten eine Verpflichtung zu solidarischem Handeln abgeleitet werden kann, nicht ganz einfach zu explizieren. Und selbst wenn diese Argumente unter der Voraussetzung der Beibehaltung der europäischen Währung stichhaltig sind, können sich die Opponenten dieser Verpflichtung mit einer Option für den Ausstieg aus dem Euro entziehen, und zwar ihrerseits mit einem einleuchtenden normativen Argument: Weil die Gründung der europäischen Währungsgemeinschaft seinerzeit einstimmig unter der Prämisse beschlossen wurde, dass davon die nationale Haushaltsautonomie nicht betroffen sein wird, kann heute kein Vertragspartner zu weiteren Schritten der politischen Vergemeinschaftung verpflichtet werden.

Bei dieser Argumentationslage muss man zur Begründung eines Plädoyers für europäische Solidarität weiter ausholen, um Unklarheiten zu beseitigen, die sich mit dem Begriff der Solidarität selbst verbinden. Zum einen will ich zeigen, dass Appellen an die Solidarität keineswegs eine Verwechslung von Politik mit Moral zugrunde liegt. Man kann und soll diesen Begriff auf genuin politische Art und Weise verwenden. Zum anderen möchte ich mit einem Rekurs auf die Begriffsgeschichte an den speziellen Kontext erinnern, in dem Solidaritätsappelle angebracht sind. Wie weit sich die Bevölkerungen der Euro-Zone heute in einer historischen Lage befinden, die »Solidarität« in diesem Sinne verlangt, ist dann die entscheidende Frage.

(6) Angesichts der Stimmungslagen in den Zivilgesellschaften

---

19 Claus Offe, »Europa in der Falle«, in: *Blätter für deutsche und internationale Politik* 1 (2013), S. 67-80, S. 76.

der Euro-Länder kommen einstweilen als politisch handlungsfähige Subjekte außer den ebenso nationalstaatlich fragmentierten Gewerkschaften allein die beteiligten Regierungen und die maßgebenden politischen Parteien in Betracht. Wenn diese sich entschließen könnten, das Risiko einzugehen, die Wahlbevölkerung zum ersten Mal mit europapolitischen Alternativen ernsthaft zu konfrontieren, würden sie vor einer ungewohnten Aufgabe stehen. Politische Parteien sind mit dem demoskopieabhängigen Modus einer werbewirksamen Legitimationsbeschaffung vertraut und auf eine von den Routinen abweichende mentalitätsprägende Meinungs- und Willensbildung nicht vorbereitet. Das disponiert sie weder zur Wahrnehmung außerordentlicher Herausforderungen in Krisensituationen noch zur Bereitschaft, sich auf ein risikoreiches Engagement einzulassen. Der berüchtigte Satz, dass »Personen Geschichte machen«, wird durch diese misslichen Umstände nicht wahrer; aber diese veranlassen einen schon zum Grübeln, ob die richtige Person zur richtigen Zeit nicht doch in der einen oder anderen Weise auf historisch folgenreiche Weichenstellungen Einfluss nehmen könnte.

Wie dem auch sei, die politischen Parteien müssten sich zunächst daran erinnern, dass demokratische Wahlen keine Umfragen sind, sondern das Resultat einer öffentlichen Willensbildung, in der Argumente zählen. Denn in einer riskanten Ausgangslage mit starken kontrastierenden Stimmungen sind Mehrheiten nur durch eine anhaltende, in diesem Fall über den Zeitraum einer Wahlperiode fortgesetzte diskursive Anstrengung umzukehren. In diesem Kontext ist es wichtig, den Stellenwert des Solidaritätsargumentes zu klären. In sozialpolitischen Zusammenhängen zählen moralische Argumente der Verteilungsgerechtigkeit, in Verfassungsfragen juristische Gründe. Um Solidaritätsappellen die falschen Konnotationen des Unpolitischen abzustreifen, die dem Begriff von sogenannten Realisten gerne angehängt werden, will ich die Verpflichtung zur Solidarität von Verpflichtungen moralischer und rechtlicher Art unterscheiden.

Solidarischer Beistand ist ein politischer Akt, der keineswegs eine in politischen Zusammenhängen deplatzierte Selbstlosigkeit moralischer Art verlangt. Konstantinos Simitis, griechischer Ministerpräsident zur Zeit der Aufnahme Griechenlands in die Euro-Zone, schreibt in der *Frankfurter Allgemeinen Zeitung* vom 27. Dezember 2012:

> »Solidarität ist ein Begriff, der gewissen Ländern der Union nicht genehm ist. Sie verbinden mit ihm eine Interpretation, die sich ganz auf die Notwendigkeit konzentriert, jene Länder zu unterstützen, die ihren Verpflichtungen nicht nachkommen. Doch die Realität zwingt zu einem gegenseitigen Beistand, dessen Ausmaß nicht allein durch juristische Texte vorgegeben wird.«[20]

Der Autor bestreitet den solidarischen Charakter der von der Bundesregierung zu verantwortenden Europapolitik. Simitis sitzt zwar im Glashaus, aber er könnte mit seinem Verständnis des Ausdrucks trotzdem recht haben. Also: Was heißt Solidarität?

Obwohl beide Begriffe zusammenhängen, meint »Solidarität« nicht dasselbe wie »Gerechtigkeit« im moralischen oder rechtlichen Sinne des Wortes. Wir nennen moralische und rechtliche Normen »gerecht«, wenn sie Praktiken regeln, die im gleichmäßigen Interesse aller Betroffenen liegen. Gerechte Normen sichern allen die gleichen Freiheiten und jedem den gleichen Respekt. Natürlich gibt es auch spezielle Pflichten. Verwandte, Nachbarn oder Betriebsangehörige können in bestimmten Situationen voneinander mehr oder eine andere Art von Hilfe erwarten als Fremde. Auch solche speziellen Pflichten können, obwohl sie auf bestimmte soziale Beziehungen eingeschränkt

---

20 Konstantinos Simitis, »Flucht nach vorn«, in: *Frankfurter Allgemeine Zeitung* (27. Dezember 2012), online verfügbar unter: ⟨http://m.faz.net/aktuell/politik/die-gegenwart/eurokrise-flucht-nach-vorn-12007360.html⟩ (Stand: April 2013).

sind, allgemeine Geltung beanspruchen. Eltern verstoßen beispielsweise gegen ihre Fürsorgepflicht, wenn sie die Gesundheit ihrer Kinder vernachlässigen. Das Maß dieser positiven Pflichten ist freilich in vielen Fällen unbestimmt; es variiert mit Art, Häufigkeit und Gewicht der entsprechenden sozialen Beziehungen. Wenn ein entfernter Vetter nach Jahrzehnten wieder Kontakt zu der überraschten Cousine aufnimmt und diese wegen einer Notlage um eine erhebliche finanzielle Zuwendung bittet, kann er wohl kaum an eine moralische, das heißt allgemeingültige Verpflichtung appellieren, sondern bestenfalls an eine aus Verwandtschaftsbeziehungen resultierende Bindung »sittlichen« Charakters (wie Hegel gesagt hätte). Die Zugehörigkeit zur weiteren Familie wird auch nur dann eine Verpflichtung begründen, wenn die faktisch bestehende Beziehung zwischen den Beteiligten erwarten lässt, dass die Cousine ihrerseits in einer ähnlichen Situation auf den Beistand des Vetters rechnen darf. Es ist in diesem Fall *die Vertrauen stiftende Sittlichkeit* eines informell eingewöhnten Zusammenlebens, die unter der Bedingung *voraussehbar reziproken Verhaltens* verlangt, dass einer für den anderen »einsteht«.

Solche von moralischen und rechtlichen Verpflichtungen zu unterscheidenden »ethischen« Verpflichtungen, die in Bindungen einer vorgängig existierenden Gemeinschaft, typischerweise in familiären Bindungen, wurzeln, sind durch drei Merkmale charakterisiert. Sie begründen überschießende oder supererogatorische Ansprüche, die über das, wozu der Adressat rechtlich oder moralisch verpflichtet ist, hinausgehen. Anderseits unterbietet diese Art von Ansprüchen, im Hinblick auf die erforderliche Motivation des Handelns, die kategorische Verbindlichkeit einer moralischen Pflicht, aber ebenso wenig deckt sie sich mit dem zwingenden Charakter des Rechts. Moralische Gebote sollen ungeachtet des künftigen Verhaltens anderer aus Achtung vor der zugrunde liegenden Norm selbst befolgt werden, während der Rechtsgehorsam des Bürgers an die Bedingung gebunden ist, dass die staatliche Sanktionsmacht eine generelle Befolgung der Gesetze gewährleistet.[21] Die Erfüllung einer ethischen Verpflichtung kann hingegen *weder erzwungen noch kategorisch gefordert* werden. Sie hängt vielmehr von der Vorhersehbarkeit reziproken Verhaltens ab – und vom zeitüberbrückenden Vertrauen auf diese Reziprozität.

Das nicht erzwingbare ethische Verhalten kommt insofern mittel- oder langfristig auch dem eigenen Interesse entgegen. Genau diesen Aspekt teilt die »Sittlichkeit« mit der »Solidarität«, wobei sich diese jedoch nicht auf vorpolitische Lebenszusammenhänge wie die Familie bezieht, sondern auf politische Gemeinschaften. Was beide, Sittlichkeit und Solidarität, von Recht und Moral unterscheidet, ist die Referenz auf eine »Verschwisterung« in einem sozialen Geflecht, das sowohl die anspruchsvollen, über das strikt Gebotene hinausgehenden Erwartungen der einen Seite wie das Vertrauen der anderen Seite auf ein reziprokes Verhalten in der Zukunft begründet.[22] Halten wir fest: »Moral« und »Recht« beziehen sich auf die gleichen Freiheiten von autonomen Einzelnen, »Solidarität« auf das gemeinsame, das je eigene Wohl einschließende Interesse an der Integrität einer gemeinsamen politischen Lebensform.[23] Zwar schöpft der Begriff der Solidarität diese Bedeutungskonnotationen aus der Erinnerung an naturwüchsige Gemeinschaften wie Familien

---

21 Im Verfassungsstaat sollen Rechtsnormen freilich auch die weitere Bedingung der Legitimität erfüllen, so dass sie nicht nur aus Legalität, sondern – im Hinblick auf das Verfahren der demokratischen Erzeugung der Norm – auch aus »Achtung vor dem Gesetz« befolgt werden *können*.

22 Andreas Wildt, »Solidarität – Begriffsgeschichte und Definition«, in: Kurt Bayertz (Hg.), *Solidarität. Begriff und Problem*, Frankfurt am Main: Suhrkamp 1998, S. 202-217, S. 210ff.

23 Ich habe in früheren Publikationen einen zu engen Zusammenhang zwischen moralischer Gerechtigkeit und Solidarität/Sittlichkeit hergestellt; vgl. Jürgen Habermas, »Gerechtigkeit und Solidarität« [1984], in: ders., *Erläuterungen zur Diskursethik*, Frankfurt am Main: Suhrkamp 1991, S. 49-76. Die Aussage »Die deontologisch begriffene Gerechtigkeit fordert als ihr Anderes Solidarität« (S. 70) halte ich nicht aufrecht; sie führt zu einer Moralisierung und Entpolitisierung des Begriffs der Solidarität; vgl. dazu auch meinen Kommentar zu Maria Herrera Lima in »Religion und nachmetaphysisches Denken. Eine Replik«, in: Jürgen Habermas, *Nachmetaphysisches Denken II. Aufsätze und Repliken*, Berlin: Suhrkamp 2012, S. 120-182, S. 127ff., S. 131-133.

oder Korporationen, aber mit ihm verändert sich die Semantik von »Sittlichkeit« in den folgenden beiden Hinsichten.
Was solidarisches Verhalten voraussetzt, sind politische, also rechtlich organisierte und in diesem Sinne artifizielle Lebenszusammenhänge. Der Nationalismus verschleiert diese Differenz zwischen »Solidarität« und vorpolitischer »Sittlichkeit«. Er nimmt den Begriff zu Unrecht in Anspruch, wenn er »nationale Solidarität« auf seine Fahnen schreibt und damit der Solidarität des »Staatsbürgers« den Zusammenhalt von Volksgenossen unterschiebt.[24] Damit wird der Umstand verdeckt, dass der Vertrauensvorschuss, den solidarisches Verhalten voraussetzen kann, weniger robust ist als im Falle ethischen Verhaltens. Er kann sich nicht auf die Selbstverständlichkeit der konventionellen sittlichen Beziehungen einer naturwüchsig existierenden Gemeinschaft stützen. Was dem solidarischen Verhalten vor allem eine besondere Note gibt, ist zweitens der *offensive Charakter* des Drängens auf die Einlösung eines Versprechens, das im Legitimitätsanspruch einer jeden politischen Ordnung angelegt ist. Dieser Charakter kommt insbesondere im Gefolge von wirtschaftlichen Modernisierungsprozessen zum Vorschein, wenn solidarisches Handeln nötig wird, um die überforderten Integrationsformen einer überrollten politischen Ordnung zu erweitern, das heißt an weiter ausgreifende, systemisch hergestellte Interdependenzen anzupassen, die sich den Bürgern selbst nur indirekt, als Einschränkung ihrer politischen Selbstbestimmung bemerkbar machen. Im Folgenden möchte ich beide Bedeutungsdimensionen des Begriffs erläutern, zunächst den Bezug auf politische Lebenszusammenhänge, sodann den abstrakten Charakter des Vertrauens auf eine Reziprozität, die durch rechtlich organisierte Beziehungen verbürgt wird.
(7) Die gängige Rede von »staatsbürgerlicher Solidarität« setzt

---

24 Jürgen Habermas, »Inklusion – Einbeziehen oder Einschließen? Zum Verhältnis von Nation, Rechtsstaat und Demokratie«, in: ders., *Die Einbeziehung des Anderen*, Frankfurt am Main: Suhrkamp 1996, S. 154-184.

den rechtlich konstruierten Lebenszusammenhang eines politischen Gemeinwesens, normalerweise eines Nationalstaats voraus. Die Empörung über die Verletzung staatsbürgerlicher Solidarität äußert sich zum Beispiel in der Wut über Steuerhinterzieher, die sich aus ihrer Verantwortung für das politische Gemeinwesen herausstehlen, dessen Vorzüge sie ungeniert genießen. Gewiss, Steuerhinterziehung ist auch ein Verstoß gegen geltendes Recht. Im Affekt gegen diese Trittbrettfahrer drückt sich jedoch dieselbe enttäuschte Solidaritätserwartung aus wie in der Verachtung aller steuerflüchtigen Depardieus dieser Welt, die ihren Wohnsitz, oder den Sitz ihrer Firma, *rechtmäßig* ins Ausland verlegen. Wie an der Entwicklung des Sozialstaats abzulesen ist, können sich Solidaritätserwartungen in Rechtsansprüche verwandeln.[25] Auch heute noch ist es eine Frage der Solidarität und nicht des Rechts, mit wie viel Ungleichheit die Bürger einer wohlhabenden Nation leben wollen. Nicht der Rechtsstaat bremst das Anwachsen der Zahl der arbeitslosen Jugendlichen, der Langzeitarbeitslosen und unsicher Beschäftigten, der Alten, deren Rente kaum zum Überleben reicht, oder der verarmten alleinerziehenden Mütter, die auf Mittagstische, sprich Suppenküchen, angewiesen sind. Erst die Politik eines Gesetzgebers, der für die normativen Ansprüche einer demokratischen Bürgergesellschaft empfindlich ist, kann aus den Solidaritätsansprüchen der Marginalisierten oder ihrer Anwälte soziale Rechte machen.[26]

25 Hauke Brunkhorst spricht von der »Transformation der Solidarität im Medium des Rechts« (*Solidarität unter Fremden*, Frankfurt am Main: Fischer 1997, S. 60ff.).
26 Bei der Rückabwicklung sozialer Errungenschaften kommt dieser Solidaritätshintergrund von sozialen Rechten wieder zum Vorschein. Der Vorstandvorsitzende der Berliner Charité, Karl Max Einhäupl, bedient sich zu Recht des Solidaritätsbegriffs, als er in einem Interview in der *Frankfurter Allgemeinen Sonntagszeitung* mit Hinweis auf die steigenden Kosten der Medizintechnologie die Gleichbehandlung der Patienten, also deren Rechte, infrage stellt: »Wir werden auf Solidarität ein Stück weit verzichten müssen. Aber wir müssen als Gesellschaft überlegen, wie wir den Schaden für die Solidarität möglichst gering halten können. Die Entscheidung, wer was bekommt, darf nicht dem einzelnen Arzt überlassen sein.« (Christiane Hoffmann/Markus Wehner, »»Bislang kann jeder Patient alles haben««, Interview mit

Ungeachtet der Unterschiede zwischen Solidarität einerseits, Recht und Moral andererseits besteht ein enger begrifflicher Zusammenhang zwischen »politischer Gerechtigkeit« und »Solidarität«.[27] In Portugal hat der konservative Staatspräsident Aníbal Cavaco Silva zur Jahreswende 2012/13 das Verfassungsgericht angerufen, um den von seinen Parteifreunden verabschiedeten Sparhaushalt der Regierung überprüfen zu lassen, weil er die sozialen Folgen des von den Gläubigern auferlegten Politikmusters (insbesondere die einseitige Belastung von Beamten, öffentlichen Angestellten, Sozialversicherten und Rentnern) – im Sinne der politischen Gerechtigkeit – für unannehmbar hielt. Damit übersetzt der Präsident jene Straßenproteste, die in allen Krisenländern von den einheimischen Eliten und den sogenannten Geberländern Solidarität einfordern, in die Sprache der politischen Gerechtigkeit. Je ungerechter die *politischen* Verhältnisse sind, umso mehr haben die Benachteiligten Grund, Solidarität von der Seite der Privilegierten zu verlangen. Allerdings beziehen sich Solidaritätsforderungen auf einen schwer zu bestimmenden sozialen Zusammenhalt. Das politisch gebotene Maß an sozialer Integration erschöpft sich nicht

---

Charité-Chef Karl Max Einhäupl, in: *Frankfurter Allgemeine Sonntagszeitung* [30. Dezember 2012], S. 2) Warum ist hier nicht von Gerechtigkeit die Rede? Offenbar ist es schon heute dem moralischen Gerechtigkeitsempfinden des einzelnen Arztes überlassen, ob er seinen Kassenpatienten in gleichen Fällen die gleiche Behandlung und gleichwirksame Medikamente zukommen lässt wie den Privatversicherten. Noch greift die Justiz ein, wenn eine Ungleichbehandlung – wie in den extremen Fällen der Organspendeskandale – für die benachteiligten Patienten Folgen für Leben und Tod hat. Im Interview spricht der befragte Klinikchef nicht von Recht und Moral, sondern wohlbedacht von Solidarität, weil er im Hinblick auf sein Thema, d. h. in der heiklen, ja ungeheuerlichen Frage einer Selektion von behandlungswürdigen Patienten für teure Behandlungsmethoden die Verantwortung vom individuellen Arzt auf die Politik verschieben möchte und deshalb statt der Perspektive des Einzelnen die des Kollektivs, der Gesamtheit der Bürger einnimmt. Die Frage der Solidarität kommt mit der Bezugnahme auf *die Gesamtheit der Patienten* ins Spiel, die – wenn es denn je so weit käme, dass einige auf Kosten anderer lebenswichtige Privilegien genießen dürften – alle Bürger desselben politischen Gemeinwesens sind.

27 Ich denke an den von John Rawls geprägten Begriff politischer Gerechtigkeit.

in messbaren Größen; die Zerfallsstufe der sozialen Anomie bezeichnet einen Grenzwert. Daher geht es in Fragen der politischen Gerechtigkeit und der Solidarität stets um ein Mehr oder Weniger, während die binär strukturierten Fragen der moralischen und der juristischen Gerechtigkeit ein »Ja« oder »Nein« fordern.

Diese Begriffsverhältnisse zeigen, dass sich »Solidarität« (im Unterschied zu »Sittlichkeit«) nicht auf bestehende, sondern auf einen zwar vorausgesetzten, aber *politisch zu gestaltenden* Lebenszusammenhang bezieht. Diese zum politischen Bezug hinzutretende offensive Bedeutungskomponente wird erst deutlich, wenn wir von der unhistorischen Begriffsklärung zur begriffsgeschichtlichen Analyse übergehen. Überraschenderweise ist nämlich der Begriff der Solidarität erstaunlich jungen Datums, während schon in den frühen Hochkulturen, also seit dem dritten vorchristlichen Jahrtausend, über »Recht« und »Unrecht« gestritten wurde. Das Wort »Solidarität« geht zwar auf das römische Schuldenstrafrecht zurück; es nimmt aber erst seit der Französischen Revolution von 1789 eine politische Bedeutung an, allerdings zunächst in Verbindung mit der Parole der »Brüderlichkeit«. Der Kampfbegriff der *fraternité* verdankt sich der humanistischen Verallgemeinerung eines von den Weltreligionen erzeugten Bewusstseins; er geht auf jene die Perspektiven erweiternde Erfahrung zurück, dass die eigene lokale Gemeinde jeweils als Teil der universalen Gemeinschaft aller Gläubigen erlebt wird. Das ist der Hintergrund des säkular-menschheitsreligiösen Begriffs der Brüderlichkeit, der im Laufe der ersten Hälfte des 19. Jahrhunderts vom Frühsozialismus und von der katholischen Soziallehre, etwas später von der Sozialdemokratie im Hinblick auf die aktuelle soziale Frage zugespitzt und mit dem Begriff der Solidarität verschmolzen worden ist. Heinrich Heine hatte im Vormärz die Begriffe »Fraternität« und »Solidarität« noch mehr oder weniger synonym verwendet.[28]

28 Vgl. die Nennungen im Sachregister der von Klaus Briegleb herausgegebe-

Beide Begriffe trennen sich im Zuge der sozialen Umwälzungen des heraufziehenden Industriekapitalismus und der entstehenden Arbeiterbewegung voneinander. Denn in dieser geschichtlichen Konstellation geht das Erbe der auf Erlösung oder Emanzipation gerichteten jüdisch-christlichen Brüderlichkeitsethik im Konzept der Solidarität mit dem auf rechtlich-politische Freiheit gerichteten Republikanismus römischer Herkunft eine Verbindung ein.[29]

Entstanden ist der Begriff in einer Situation, als es den Revolutionären um das Einklagen von Solidarität im Sinne einer *rettenden Rekonstruktion* vertrauter, jedoch durch die weiter ausgreifenden Modernisierungsprozesse ausgehöhlter Solidaritätsverhältnisse ging.[30] Der Frühsozialismus der entwurzelten Handwerksgesellen bezog seine utopischen Energien teilweise auch aus nostalgisch verklärten Erinnerungen an die paternalistisch abgeschirmte Lebenswelt der Zünfte. Damals erzeugte die beschleunigte funktionale Differenzierung der Gesellschaft gewissermaßen hinter dem Rücken einer patriarchalisch-berufsständisch und noch weitgehend korporativ geprägten Lebenswelt weiträumige Interdependenzen. Dadurch entstanden wechselseitige funktionale Abhängigkeiten, die der Anlass waren, die aufbrechenden Klassengegensätze in die erweiterten nationalstaatlichen Formen der politischen Integration gewissermaßen einzuholen. In der Dynamik der neuen Klassengegensätze hatten die Appelle an »Solidarität« ihren geschichtlichen Ursprung. Denn auf den Anlass der über die alten Solidarverhältnisse hinausgreifenden systemischen Zwänge reagieren die neuen Organisationsformen der Arbeiterbewegung mit gut be-

---

nen Heine-Werkausgabe (*Heinrich Heine. Sämtliche Schriften*, Bd. VI, München: Hanser 1976, II, S. 818).

29 Hauke Brunkhorst, *Solidarität – Von der Bürgerfreundschaft zur globalen Rechtsgenossenschaft*, Frankfurt am Main: Suhrkamp 2002.

30 Karl H. Metz, »Solidarität und Geschichte. Institutionen und sozialer Begriff der Solidarität in Westeuropa im 19. Jahrhundert«, in: Kurt Bayertz (Hg.), *Solidarität*, a. a. O., S. 172-194; teilweise kritisch Wildt, »Solidarität«, in: Bayertz (Hg.), a. a. O., S. 202-217.

gründeten Solidaritätsappellen: Die sozial entwurzelten Handwerkergesellen, Arbeiter, Angestellten und Tagelöhner sollten sich über die systemisch erzeugten Konkurrenzbeziehungen auf dem Arbeitsmarkt hinweg zusammenschließen.

Der industriekapitalistische Gegensatz der sozialen Klassen ist erst im Rahmen demokratisch verfasster Nationalstaaten nachhaltig institutionalisiert worden. Diese europäischen Staaten, die erst nach den Katastrophen der beiden Weltkriege ihre heutige sozialstaatliche Gestalt angenommen haben, sind ihrerseits im Zuge der wirtschaftlichen Globalisierung erneut unter den explosiven Druck ökonomisch erzeugter Interdependenzen geraten, die ungerührt durch nationale Grenzen hindurchgreifen. Wiederum sind es systemische Zwänge, die die eingewöhnten Solidarverhältnisse sprengen und zu einer Rekonstruktion der kleinteiligen nationalstaatlichen Formen der politischen Integration nötigen. Dieses Mal verdichten sich die politisch unbeherrschten systemischen Kontingenzen eines von losgelassenen Finanzmärkten getriebenen Kapitalismus zu Spannungen zwischen den Mitgliedsstaaten der Europäischen Währungsunion. Aus dieser geschichtlichen Perspektive gewinnt die Solidaritätserwartung von Konstantinos Simitis ihre Legitimität.
Er verweist ausdrücklich auf das Netz der längst bestehenden Interdependenzen, die nun unter dem normativen Gesichtspunkt eines fairen Ausgleichs der kontingenten Vor- und Nachteile unter den Mitgliedsstaaten in rekonstruierte Formen der politischen Integration eingeholt werden müssten. Wenn man die Währungsunion erhalten will, genügt es angesichts der strukturellen Unterschiede zwischen den nationalen Ökonomien nicht mehr, überschuldeten Staaten Kredite zu gewähren, damit jeder von ihnen aus eigener Kraft seine Wettbewerbsfähigkeit steigert. Stattdessen bedarf es einer kooperativen, aus einer gemeinsamen politischen Perspektive unternommenen Anstrengung, um Wachstum und Wettbewerbsfähigkeit in der Euro-Zone insgesamt zu fördern. Eine solche Anstrengung würde

von der Bundesrepublik verlangen, im längerfristigen Eigeninteresse kurz- und mittelfristig negative Umverteilungseffekte in Kauf zu nehmen – das wäre im dargelegten Sinne ein exemplarischer Fall von politischer Solidarität.

III.

Europäische Zustände
Fortgesetzte Interventionen

6.

Der nächste Schritt
Ein Interview[1]

HUBERT CHRISTIAN EHALT: Die europäische Geschichte der letzten 40 Jahre ist in hohem Maß widersprüchlich: Die siebziger Jahre brachten in vieler Hinsicht Öffnung, Stärkung der Zivilgesellschaft, Aufarbeitung der Vergangenheit. Die Dynamisierung des Integrationsprozesses brachte Technokratisierung und Ökonomisierung. Ist diese Entwicklung noch zu stoppen?

JÜRGEN HABERMAS: Ich weiß nicht, ob diese beiden Tendenzen, die Sie mit Recht hervorheben, nicht auf allgemeinere, über Europa hinausgreifende Entwicklungen zurückgehen. Die Studentenbewegung der späten sechziger Jahre hat, aufs Ganze gesehen, einen Schub zur Liberalisierung unserer Nachkriegsgesellschaften, vor allem der politischen Mentalitäten ausgelöst. In der Bundesrepublik Deutschland hat sich bis Ende der achtziger Jahre jedenfalls eine gewisse Zivilisierung der politischen Kultur durchgesetzt. Ähnliche Tendenzen waren in ganz Westeuropa zu spüren, wobei wir die Ungleichzeitigkeiten der nationalen Geschichten nicht vergessen dürfen. Andere freiheitliche Impulse kamen seit den achtziger Jahren aus den Ländern Mitteleuropas, die sich von der Sowjetherrschaft befreiten – sie machten die spontanen Kräfte der Zivilgesellschaft zu einem breitenwirksamen Thema. Aber nach der »Wende«, die mit Recht so heißt, weil sie eine nachholende Revolution war, hat sich das Blatt gewendet. Ein gewisser Triumphalismus hat der angelsächsischen Lösung der inzwischen aufgestauten ökonomischen Probleme Rückenwind gegeben. Im Zuge der politisch

---

[1] Mit Claus Reitan und Hubert Christian Ehalt für *Die Furche* (Wien) im Mai 2012.

gewollten wirtschaftlichen Globalisierung hat sich die von Reagan und Thatcher schon praktizierte Lehre der Chicago-Schule weltweit durchgesetzt. Die unhaltbar gewordene Politik der gesteuerten Inflation wurde, wenn man den Sozialstaat von den entfesselten Märkten nicht ruinieren lassen wollte, durch forcierte staatliche Kreditaufnahme ersetzt. Jedenfalls kann man den langen Rhythmus der steigenden Staatsverschuldung auch als Kehrseite der neoliberalen Einschränkung der nationalstaatlichen Handlungsspielräume betrachten.

CLAUS REITAN: Wie darf die Öffentlichkeit die Texte in Ihren Bänden *Zur Verfassung Europas* und *Ach, Europa* einordnen? Als Manifeste? Interventionen? Visionen?

HABERMAS: Sie können ja Stellungnahmen in der Presse, wie diese hier, Interventionen nennen. Aber Manifeste? Ab und zu, nicht zu oft, unterschreibt man auch einmal einen Aufruf. Und Visionen gehören weder zur Arbeit des Professors, noch zur Nebentätigkeit des Intellektuellen. Ich will niemanden glauben machen, ich könnte die Zukunft voraussehen. Vielleicht meinen Sie etwas anderes: Der zynische Defätismus des sogenannten Realisten, der nicht begreift, dass uns die schwärzeste Diagnose nicht davon entlastet, das Bessere zu versuchen, ist für mich so etwas wie ein struktureller Gegner.

Allerdings haben mich in der Bonner Bundesrepublik eher die durch die NS-Zeit hindurchreichenden personellen Kontinuitäten und die entsprechenden Mentalitäten gereizt. Erst nach 1989/90 haben die Weltläufe meinen Blick ernsthaft auf die Probleme einer rechtlichen und politischen Neuordnung der seither im Entstehen begriffenen Weltgesellschaft gerichtet. Dieses Interesse hat sich während des ersten Irakkriegs an der Debatte über humanitäre Interventionen entzündet. Die Konstitutionalisierung des Völkerrechts ist seitdem der Rahmen, in dem ich auch über Europarecht und Europapolitik nachdenke, allerdings immer vor dem gesellschaftstheoretischen Hintergrund des aus der Balance geratenen Verhältnisses von Politik und Markt. Diese Interessenverschiebung hat zuerst 1991 in einem buchlangen Interview mit Michael Haller seinen Niederschlag gefunden.² Seit dem Erscheinen von *Die postnationale Konstellation* (1998) reißt die Kette politischer Interventionen zugunsten einer weitergehenden Einigung Europas nicht mehr ab. Dazu gehört auch das Bändchen *Ach, Europa*. Aber mit dem 2011 erschienenen Essay *Zur Verfassung Europas* verbinde ich auch einen anderen, einen akademischen Ehrgeiz. Diesem Bändchen ist die Rolle einer »Intervention« erst durch den Kontext der anhaltenden Finanz- und Bankenkrise zugewachsen. Aber im Kern geht es darin um eine wissenschaftliche Frage.

REITAN: Das müssen Sie erklären. Was waren die Beweggründe für diese tiefer greifende und detaillierte Befassung mit Europa – mit dem Einigungswerk und der gegenwärtigen Legitimations- und Wirtschaftskrise?

HABERMAS: Ausgangspunkt ist die ökonomische Einsicht, die wir aus der Krise gewinnen: Die strukturellen Ungleichgewichte in der Euro-Zone verlangen eine gemeinsame Wirtschaftsregierung, die auf andere Politikfelder wie Steuern und Soziales ausgreift und die zu Effekten der Umverteilung über nationale Grenzen hinweg führt. Schon jetzt begründen die Rettungspakete eine Haftungsgemeinschaft, und schon jetzt hat eine Kompetenzverlagerung von den nationalen Parlamenten auf die im Europäischen Rat vertretenen Regierungen der Mitgliedsstaaten der Währungsgemeinschaft stattgefunden. Diese faktische Gewichtsverlagerung, die der Fiskalpakt besiegeln wird, nötigt uns bereits zu einer Verfassungsänderung, wenn wir nicht zulassen wollen, dass die Demokratie in Europa noch weiter ausgehöhlt wird. Aber ein solcher Schritt würde mindestens für Kerneuropa einen Quantensprung im Einigungsprozess bedeuten.

Bisher ist die europäische Einigung ein von den Eliten über die Köpfe der Bevölkerungen hinweg betriebenes Projekt gewesen.

---

2 Jürgen Habermas, *Vergangenheit als Zukunft? Das alte Deutschland im neuen Europa? Ein Gespräch mit Michael Haller*, Zürich: Pendo 1991; erweiterte Auflage München: Piper 1993.

Das ging gut, solange alle etwas davon hatten. Die Umstellung auf ein von den nationalen Bevölkerungen nicht nur toleriertes, sondern getragenes Projekt muss die hohe Schwelle einer grenzüberschreitenden Solidarität der Bürger Europas nehmen. Deshalb soll man sich hüten, durch das falsche Ziel eines europäischen Bundesstaates auch noch unnötige Ängste zu wecken. In meinem Essay versuche ich zu zeigen, dass es eine Transnationalisierung der Demokratie auch in anderer Gestalt geben kann. Ich habe mich etwas ins Europarecht eingearbeitet, um eine für die skeptische Öffentlichkeit entscheidende Frage zu beantworten: Wie muss man das für die engere Kooperation notwendige supranationale Gemeinwesen begreifen, wenn es strengen Anforderungen an demokratische Legitimation genügen soll, ohne selber den Charakter eines Staates anzunehmen – auch nicht den des gefürchteten »Monstrums« Bundesstaat.

REITAN: Und deshalb gehören Sie zu den Erstunterzeichnern von »Wir sind Europa! Manifest zur Neugründung Europas von unten« und von »Europa neu begründen«?

HABERMAS: Ja, das eine Manifest ist von Ulrich Beck und Daniel Cohn-Bendit initiiert worden, das andere von führenden Gewerkschaften und linken Ökonomen. Trotz der verschiedenen Ansatzpunkte haben mich beide Aufrufe überzeugt, weil sie ein Krisenbewusstsein spiegeln, das nicht lähmt, sondern kreativ ist – sie spiegeln die Aktualität der Gefahr des Scheiterns eines historischen Projektes und sie machen die Notwendigkeit einer Neugründung der Europäischen Union deutlich.

EHALT: Stehen wir denn jetzt an einem Punkt, wo die Neugründung Europas im Sinn einer kulturellen Neugierde auf die jeweils anderen europäischen Völker, auf die so unterschiedlichen Milieus und Entwicklungen erstmals eine Chance hat?

HABERMAS: Ich mache mir keine Illusionen über das Ausmaß des Euroskeptizismus – insbesondere in den potenziellen »Geberländern«. Aber man darf auch die Dialektik nicht unterschätzen, den der beklagte ökonomische Antrieb des Einigungsprozesses heute entfaltet. Die Wirtschaftsteile der überregionalen

Zeitungen belehren uns nicht wirklich über die Ursachen dieser unsäglichen Situation, in der sich die Staaten und die Europäische Zentralbank von den Finanzmärkten und einem unterfinanzierten Bankensystem zu immer weiteren Bürgschaften und Liquiditätsspritzen erpressen lassen müssen. Die Staaten sind zugleich die Klienten der Banken, die sie retten müssen, obwohl diese weiterhin enorme Gewinne einstreichen und das Krisengeschehen, als sei nichts gewesen, munter vorantreiben. Aus diesem Teufelskreis können sich die einzelnen Regierungen nicht durch höhere Steuereinnahmen befreien, denn damit würden sie die Investoren abschrecken und auch noch die verbleibenden Steuerzahlungen der Finanzdienstleister (wie in Großbritannien) oder der werteerzeugenden Realwirtschaft (wie in den meisten anderen europäischen Ländern) gefährden. Die seit Jahrzehnten geforderte Finanztransaktionssteuer, welche die Verursacher an den Kosten wenigstens beteiligen würde, scheitert eben an der politischen Uneinigkeit Europas. Und doch lässt sich in dieser vertrackten Situation auch eine List der ökonomischen Vernunft erkennen. Diese stellt uns nämlich vor Alternativen, die zum Handeln zwingen, auch wenn sich die politischen Eliten aus Angst vor ihren Wählern um solche Alternativen herumdrücken. Europa fehlt es an *political leadership*. Diesen Ausdruck nehme ich ungern in den Mund, weil in normalen Zeiten der phantasielose Machtopportunismus der Parteien ausreicht, um die Maschine in Gang zu halten. Aber in Krisenzeiten hilft der in Angela Merkel personifizierte kleinmütige und kurzsichtige Inkrementalismus der kleinen Schritte nicht weiter.

EHALT: Es gibt eine Reihe von Ökonomen wie zum Beispiel Joseph E. Stiglitz, die gegenüber den ubiquitären Sparpostulaten einen »New Deal« für Europa fordern.

HABERMAS: Ja, seine Analysen zielen nach meiner Auffassung in die richtige Richtung. Darüber hinaus liefern Politökonomen wie Fritz Scharpf und Henrik Enderlein eine etwas spezifischere Erklärung dafür, warum diese Krise auf dem Währungsgebiet des Euro entstanden ist und immer weiter schmort. Die gemeinsame Währung hat die erheblichen Unterschiede in Entwicklungsstand und Wettbewerbsfähigkeit der nationalen Wirtschaftssysteme und -kulturen nur noch vertieft. Denn in der europäischen Währungsgemeinschaft kann der fehlende Mechanismus der Abwertung nationaler Einzelwährungen nicht, wie beispielsweise in den USA, durch andere Mechanismen – zum Beispiel die grenzüberschreitende Mobilität von Arbeitskräften oder den interregionalen Umverteilungseffekt einer gemeinsamen Sozialpolitik – ausgeglichen werden. Aus diesem Grund hat der Euro in der Vergangenheit die strukturellen Ungleichgewichte zwischen den nationalen Ökonomien eher befördert. Und daran wird sich auch nichts ändern, solange der Slogan »Mehr Europa« nicht mehr heißt als eine intergouvernementale Abstimmung der weiterhin formal selbständigen Politiken der Mitgliedsländer nach Rezepten der merkelschen Sparpolitik. Eine mittelfristige Angleichung der strukturellen Unterschiede kann bei dem bestehenden Gefälle zwischen der Wettbewerbsfähigkeit der Volkswirtschaften nur durch eine gemeinsame Finanz-, Wirtschafts- und Sozialpolitik erreicht werden, die flexibel auf die unterschiedlichen nationalen Lagen reagiert. Es reicht nicht aus, alle Ökonomien denselben Regeln zu unterwerfen. Ordnungspolitik ist nicht genug. Der Fiskalpakt, der die Haushaltspolitik der Mitgliedsstaaten nur auf die Einhaltung derselben Regeln verpflichtet, wirkt, für sich genommen, kontraproduktiv – das sehen wir jeden Tag. Deshalb stellt uns die List der ökonomischen Vernunft vor die Alternative, entweder die Bevölkerungen für eine politische Neugründung eines Kerneuropas, das für den Beitritt anderer EU-Länder – vor allem Polens – offen bleibt, zu gewinnen, oder den Euro scheitern zu lassen. Die jüngsten griechischen Wahlen im Mai 2012 haben dem Gerede vom »Plan B« Auftrieb gegeben.

EHALT: Kann ein gemeinsames Europa auch ohne eine gemeinsame Währung überleben?

HABERMAS: Das ist nicht leicht zu beantworten. Nach meiner

historischen Kenntnis und aus der Sicht der politischen Lebenserfahrung eines Deutschen meiner Generation wäre der Umstand, dass die Währungsgemeinschaft unverkennbar an nationalen Egoismen scheitert, demoralisierend und im Übrigen ein Startschuss für den inzwischen in allen unseren Ländern erstarkten Rechtspopulismus. Nach meinem Gefühl würde die Europäische Union dann als Ganze in den Sog des gescheiterten Euro geraten. Auf dem Spiel steht jedenfalls ein halbes Jahrhundert historisch ganz unwahrscheinlicher Errungenschaften – das Ergebnis der Visionen und der zähen Verhandlungen großer Politiker, nicht nur derjenigen der drei Gründungsväter, sondern auch der über den Tag hinausreichenden Perspektiven von Jacques Delors, von Valéry Giscard d'Estaing und Helmut Schmidt, von François Mitterrand und Helmut Kohl. Joschka Fischer war noch einmal für kurze Zeit eine europäische Führungsfigur; heute erkenne ich in ganz Europa niemanden, der einen polarisierenden Wahlkampf riskieren würde, um für Europa Mehrheiten zu mobilisieren – und nur das könnte uns retten. Dabei ist Europa den jüngeren Generationen längst in Fleisch und Blut übergegangen. Was meinen Sie wohl, was unsere Enkel sagen würden, wenn sie eines Tages an den nationalen Grenzen wieder ihre Pässe vorzeigen müssten?

REITAN: Können sich Bürger, die in der Europäischen Union ihre beiden Rollen – die des Angehörigen einer Staatsnation und die des Unionsbürgers – auf verschiedene Weise wahrnehmen, gleichwohl mit beiden Rollen identifizieren?

HABERMAS: Die Erweiterung der staatsbürgerlichen Solidarität über die Grenzen des Nationalstaates hinaus ist natürlich die Schwelle, an der die jetzt fällige Vertiefung der Institutionen scheitern kann. Aber das erforderliche Maß an wechselseitigem Vertrauen zwischen den europäischen Völkern ist auch viel schwächer als das historisch gewachsene Nationalbewusstsein. Selbst das Nationalbewusstsein ist erst im Laufe des 19. Jahrhunderts entstanden – nicht ohne kräftige Mitwirkung der Historiker, die erst einmal Nationalgeschichten konstruieren mussten, auch nicht ohne allgemeine Wehrpflicht und die gezielte Einwirkung von Presse und staatlichem Schulunterricht. Schon die staatsbürgerliche Solidarität ist eine ziemlich abstrakte Sache, eine durch Recht vermittelte Solidarität mit Fremden, denen man in der Regel niemals *face to face* begegnet. Einer ist bereit, für den anderen gewisse Opfer zu erbringen, weil er von diesem wiederum über kurz oder lang ein reziprokes Verhalten erwarten darf. Hat sich nicht auch unter den europäischen Bürgern ein Gefühl der Solidarität bereits herausgebildet – wie sich damals, am 15. Februar 2003, an den in ganz Westeuropa überwältigend übereinstimmenden Reaktionen auf den abenteuerlichen Krieg von Bush junior gezeigt hat?

REITAN: Aber gesetzt, der Mensch sucht Halt. Wo findet er ihn eher – in seinem eigenen Nationalstaat oder in dem großräumigen Europa?

HABERMAS: Das ist das Dilemma heute: In Situationen der Angst vor Abstieg, Armut und Überfremdung flüchtet man in den Halt der vermeintlich naturwüchsigen nationalen Zugehörigkeit. Andererseits würden wir hier nicht über Europa sprechen, wenn nicht dieselben ökonomischen Ursachen, die solche Regressionen auslösen, auch das Bewusstsein für die Notwendigkeit gefördert hätten, den erpresserischen Drohungen der Finanzmärkte und den Risiken der Banken mit einer gestärkten, über den Nationalstaat hinausreichenden politischen Handlungsfähigkeit zu begegnen.

EHALT: Bankmanager, die die Finanzkrise mit verschuldet haben, erhalten Gagen, mit denen mühelos der Aufwand für die Gehälter aller Chefärzte in einem Großkrankenhaus bestritten werden könnte. Warum hält sich die Empörung in Grenzen?

HABERMAS: Gute Frage. In der Geschichte des Kapitalismus musste zum ersten Mal ein Kollaps des ganzen Finanzsektors unverschleiert durch die Bürgschaften der Steuerbürger abgewendet oder einstweilen aufgeschoben werden; und in den meisten Fällen sind den Bürgern dafür nicht einmal die entsprechenden Eigentumstitel übertragen worden. Die Ungerechtigkeit der Lastenverteilung schreit zum Himmel: die Banken zocken munter weiter, während die Proteste einen eher lokalen Charakter behalten – in den brennenden Straßen von London, auf der Puerta del Sol in Madrid, vor dem Rathaus von Lissabon, auf dem Syntagma-Platz in Athen usw. Abgesehen von Occupy Wall Street, unterscheiden sich diese Bewegungen in Anlass, Charakter, Zusammensetzung und Motivation so sehr voneinander wie die nationalen Anlässe und Umstände. Die schweigenden Mehrheiten, auf die Sie anspielen, sind entmutigt. Sie spüren wahrscheinlich die systemischen Verstrickungen aller mit allen und lassen sich vom Gefühl der fatalen Ohnmacht ihrer Regierungen gegenüber dem Drohpotenzial der weiterhin unregulierten Märkte anstecken. Wir brauchen ein handlungsfähiges Kerneuropa schon aus diesem Grund, um zwischen Politik und Markt wieder eine halbwegs erträgliche Balance herzustellen.

REITAN: Was wäre zu tun, um dieses Projekt für eine allgemeine Abstimmung mehrheitsfähig zu machen?

HABERMAS: Heute liegt die Initiative bei Regierungen und politischen Parteien; eine fast ebenso große Verantwortung tragen freilich die Medien, die ja auch kritisieren und anregen und nicht nur folgsam kommentieren sollen. Beide müssten den Skandal beenden, dass wir bisher in keinem Mitgliedsland eine Europawahl oder ein europäisches Referendum gehabt haben, bei denen die Wähler nicht wie gewohnt über nationale Fragen und das Personal der nationalen Politik abgestimmt hätten. Parteien und Medien müssten ein ungeliebtes Thema, das sie bisher gemieden haben, weil es weder Stimmen noch Auflage versprochen hat, aufgreifen und das Projekt, dessen Ziel immer unbestimmt geblieben ist, genauer definieren. Sie hätten gute Argumente dafür, dass »Mehr Europa« auf mittlere Sicht auch im Interesse der »Geberländer« liegt. Aber sie müssten den jetzigen Fokus auf Wirtschaftsfragen entschieden erweitern. Sie müssten klarmachen, dass ein Votum für »Mehr Europa« nicht nur eine Neubegründung der EU einleiten, sondern einen Schritt zur demokratischen Ermächtigung der europäischen Politik bedeuten würde. Europa kann seinen politischen Handlungsspielraum nur gemeinsam zurückgewinnen. Es geht um uns, aber es geht auch um Europas Rolle in der Welt. In Anbetracht der statistisch gut belegten Aussichten, dass unser Kontinent im Weltmaßstab bei proportional schrumpfender Bevölkerung an politischem Einfluss und ökonomischem Gewicht verlieren wird, liegt es auf der Hand, dass keine der europäischen Nationen allein die Kraft haben wird, ihr soziales und kulturelles Modell zu behaupten. Ebenso wenig wird ein zerfallendes Europa die Kraft haben, eine politisch fragmentierte und wirtschaftlich stratifizierte – und daher ungerechte – Weltgesellschaft mitzugestalten. Diese Weltgesellschaft hat noch nicht gelernt, die Herausforderungen von ökologischen Katastrophen, Hunger und Armut, ökonomischen Ungleichgewichten und Risiken der Großtechnologie zu beherrschen. Und aus diesem Gestaltungs- und Lernprozess will sich ein im besten (und unwahrscheinlichen) Fall musealisiertes und verschweizertes Europa zurückziehen?

7.

Das Dilemma der politischen Parteien[1]

Ich qualifiziere mich für die Entgegennahme dieses Preises wohl in erster Linie durch Anciennität. Ich habe nämlich während des überwiegenden Teils der 19-jährigen Regierungszeit von Georg August Zinn in Hessen gelebt und bin als Bürger dieses Landes vom Aufbruchsgeist dieses Ministerpräsidenten angesteckt worden. Damals war die Parole »Hessen vorn« für jedermann evident. Es war in der Mitte von Zinns zweiter Regierungsperiode, als ich mit meiner Frau und unserem ersten, zwei Monate alten Kind nach Frankfurt kam, um Adornos Assistent zu werden. Erst drei Jahre nach dem Ende des fünften und letzten Kabinetts von Georg August Zinn habe ich Stadt und Universität wieder verlassen.
Ich empfinde es als glücklichen Umstand, dass wir in jenen fünfziger und sechziger Jahren als wache Zeitgenossen, selber noch jung, neugierig und lernbereit, die wichtigste Periode der deutschen Nachkriegsgeschichte in Frankfurt und Hessen, gewissermaßen in einem Klima verdichteter Zeitgenossenschaft, erlebt haben. Die Weichen für die wirtschaftliche und die politisch-institutionelle Entwicklung waren, als wir kamen, schon gestellt worden. Aber der Streit um die Prägung der politischen Mentalität der Bundesrepublik wurde am heftigsten in den folgenden anderthalb bis zwei Jahrzehnten ausgetragen – und wir befanden uns mitten in dieser politisch bewegten, kommunikativ und gesellschaftlich dynamischen Umgebung, in einem intellektuell ebenso aufreizenden wie gereizten Milieu. Rückblickend waren es die intensivsten Jahre meines erwachsenen Lebens.

[1] Rede bei der Entgegennahme des Georg-August-Zinn-Preises am 5. September 2012 in Wiesbaden.

Aber die hessische SPD zeichnet mich nicht dafür aus, dass ich 83 Jahre alt bin. Der Rückblick soll uns vom Hinsehen auf das drängendste Problem der Gegenwart nicht abhalten; reden wir also über Europa.

Viele von uns meinen zu spüren, dass die seit 2008 schwelende Krise während dieses Herbstes in eine entscheidende Phase eintritt, weil die bisher verfolgte Politik der kurzfristigen Beruhigung der Finanzmärkte an ihre Grenzen gestoßen ist. Inzwischen ist auch bei den Politikern die Einsicht gewachsen, dass die gemeinsame Währung eine gemeinsame Fiskal-, Wirtschafts- und Sozialpolitik erfordert. Das führt einstweilen allerdings nur zu europafreundlichen Lippenbekenntnissen. Nach wie vor hoffen die Regierungen, die fälligen ökonomischen Regelungen auf der *policy*-Ebene unauffällig durchwinken zu können, ohne die politischen Institutionen zu verändern. »Schon heute«, so beobachtet der Berliner Wirtschaftskorrespondent der *Süddeutschen Zeitung*, »haben die Regierungen der Euro-Länder einen Gutteil der Aufgaben, die eigentlich sie selbst erledigen müssten, auf die Notenbank übertragen – aus schierer Angst davor, dass die Wähler ihren Kurs der Euro-Rettung nicht mehr mittragen.«[2] Im Hinblick auf die Anteile der nationalen Einlagen der Europäischen Zentralbank stellt man fest, dass die Bank mit ihrer Politik, marode Staatsanleihen aufzukaufen, den Pfad zu einer verschleierten »Schuldenunion« längst eingeschlagen hat. Gleichzeitig dient diese Vokabel im innenpolitischen Hausgebrauch als Schlagstock, um jeden konstruktiven Vorschlag zur Vertiefung der Politischen Union – wie jüngst den Vorstoß von Sigmar Gabriel – zu marginalisieren.

Seitdem Herman Van Rompuy am 26. Juni 2012 dem Europäischen Rat einen Vorschlag für eine »echte« Fiskal- und Wirtschaftsunion vorgelegt und daraufhin von den Regierungschefs den Auftrag erhalten hat, diesen Vorschlag bis Dezember auszuarbeiten, sind die Präsidenten des Europäischen Rates, der

---

2 Claus Hulverscheidt, »Das Italienische an Herrn Monti«, in: *Süddeutsche Zeitung* (30. August 2012), S. 4.

Kommission und der Europäischen Zentralbank mit Plänen für eine »institutionelle Lösung« der Krise beschäftigt. Den längst erkannten Teufelskreis der Erpressung der Euro-Staaten durch die Finanzmärkte hat jetzt der EU-Kommissar für Binnenmarkt und Dienstleistungen, Michel Barnier, mit den dürren Worten beschrieben, »dass zuerst der Staat klammen Banken hilft, dadurch aber die Staatsschulden steigen, welche wiederum die Banken kaufen – und weswegen sich deren Lage weiter verschlimmert«.[3] Freilich verschweigt der Kommissar, dass bei diesem traurigen Spiel die privaten Anleger, solange die Erpressung funktioniert, die einzigen Gewinner sind, während die verordnete Sparpolitik nicht die Verursacher der Krise, sondern die breite Masse der ohnehin geschädigten Staatsbürger ungerührt zur Kasse bittet.

Inzwischen nehmen die Ideen für eine gemeinsame Bankenaufsicht und eine Bankenunion, die den Zugang zu Krediten aus dem ESM erleichtern sollen, handfeste Gestalt an. Zudem wissen alle Beteiligten, dass selbst die Lösung der Fiskalkrise die zugrunde liegenden Ursachen gar nicht berührt, nämlich jene strukturellen Ungleichgewichte, die bei gleicher Währung zwischen unabhängigen nationalen Ökonomien verschiedener Wettbewerbsfähigkeit entstehen müssen. Dagegen wird auch die Beachtung derselben haushaltspolitischen Regeln auf Dauer nichts ausrichten. In einem bemerkenswerten Artikel für die Wochenzeitung *Die Zeit* geht Mario Draghi einen Schritt weiter. Für eine echte Fiskal- und Wirtschaftsunion bedürfe es eines politischen Fundamentes, damit alle Mitgliedsstaaten nach der Maxime verfahren, »dass es weder legitim noch ökonomisch tragbar ist, wenn die Wirtschaftspolitik einzelner Länder über Grenzen hinweg Risiken für die Partner in der Währungsunion mit sich bringt«.[4] Draghi sieht, dass »die gemeinsame Ausübung

---

3 Zitiert nach Cerstin Gammelin, »Wir durchbrechen den Teufelskreis«, Interview mit EU-Kommissar Michel Barnier, in: *Süddeutsche Zeitung* (31. August), S. 2.
4 Mario Draghi, »So bleibt der Euro stabil! Die Europäische Zentralbank kann der Währung durch die Krise helfen«, in: *Die Zeit* (30. August 2012), S. 1.

von Souveränitätsrechten« eine Verbreiterung der Legitimationsbasis nötig macht. Das aber berührt die Schmerzgrenze, die alle Regierungen einstweilen ängstlich meiden – die erneute Debatte über eine Veränderung der europäischen Verträge. Es ist kein Zufall, dass die Initiativen und Anregungen für eine institutionelle Lösung von hohen Funktionären ausgehen, die sich keiner Wahl stellen müssen.

Wenn meine Situationsbeschreibung stimmt, steuern wir auf ein Dilemma zu. Auf der einen Seite verstärkt sich unter dem Druck der Finanzmärkte die Tendenz, die von den ökonomischen Experten entworfene Blaupause für eine echte Fiskal- und Wirtschaftsunion umzusetzen. Jedenfalls werden die wirtschaftlichen Imperative, die die Arbeiten an einer neuen »institutionellen Architektur« auf Trab gebracht haben, so oder so erfüllt werden müssen. Daraus ergibt sich allerdings eine Konsequenz, vor der die zuständigen Politiker zurückschrecken. Die Souveränitätsrechte, die im Zuge des geplanten fiskalischen Umbaus den nationalen Parlamenten genommen werden, müssten auf europäischer Ebene wiederum einem demokratischen Gesetzgeber übertragen werden. Sie können nicht von den versammelten Regierungschefs allein wahrgenommen werden, denn der Europäische Rat wird nicht von den europäischen Bürgern in ihrer Gesamtheit gewählt. Andernfalls verstoßen wir gegen das Prinzip, dass der Gesetzgeber, der über die Verteilung von Staatsausgaben beschließt, mit dem demokratisch gewählten Gesetzgeber identisch sein muss, der für diese Ausgaben Steuern erhebt.

Ich fürchte freilich, dass wir genau diesen Preis für eine technokratische Lösung der Krise entrichten sollen. Die Regierungen werden die nötigen Befugnisse auf europäischer Ebene konzentrieren, um »die Märkte« zu befriedigen; aber gleichzeitig wollen sie versuchen, die wahre Bedeutung dieses Integrationsschrittes vor dem heimischen Wählerpublikum herunterzuspielen, weil sie für die Vertiefung der Politischen Union nicht einmal mehr in den Ländern Kerneuropas mit der bisher üblichen passiven Folgebereitschaft rechnen dürfen. Nach diesem Szenario befinden wir uns auf dem postdemokratischen Weg zu einem marktkonformen, das heißt auf Finanzmarktimperative zugeschnittenen Exekutivföderalismus. Dabei würde nicht nur die Demokratie auf der Strecke bleiben; wir würden gleichzeitig die Chance verspielen, die Finanzmärkte, wenn auch zunächst nur innerhalb eines Wirtschaftsraums kontinentalen Ausmaßes, zu regulieren. Eine europäische Exekutive, die sich gegenüber einer demokratisch mobilisierbaren Wählerschaft vollends verselbstständigt, verliert jedes Motiv und auch die Kraft zur Gegensteuerung.

Gewiss gibt es für das Zögern von Regierungen und Parteien gute Gründe. Bisher ist das europäische Projekt über die Köpfe der Bevölkerungen hinweg mehr oder weniger von den politischen Eliten allein vorangetrieben worden. Und die Bürger waren zufrieden, solange die EU eine Gewinngemeinschaft war. Nun aber hat die Euro-Krise, die sich auf die nationalen Wirtschaften unterschiedlich auswirkt und aus der Sicht nationaler Öffentlichkeiten polarisierend wahrgenommen wird, überall den euroskeptischen Rechtspopulismus verstärkt. Die Umfragen belegen, dass heute Mehrheiten für eine fällige Vertragsänderung nicht leicht zu gewinnen sind. Bevor wir diese Stimmungslagen jedoch resignativ als Gegebenheiten hinnehmen, sollten wir uns zunächst an die normative Betrachtungsweise erinnern, wonach politische Wahlen und Abstimmungen etwas anderes bedeuten als demoskopische Umfragen.

Wahlen und Abstimmungen sollen nicht nur ein Spektrum bestehender Vorlieben abbilden, sondern Urteile über die Programme und die Personen, die zur Wahl stehen. Sie dürfen den Willen des Volkes nicht unreflektiert ausdrücken, denn sie haben auch einen kognitiven Sinn. Die Regierung muss auf der Grundlage solcher Richtungsentscheidungen drängende Probleme bearbeiten. In einer Demokratie genügen politische Wahlen nicht ihrer systemischen Bestimmung, wenn sie bloß die Verteilung von Präferenzen und Vorurteilen registrieren.

Wählervoten erlangen das institutionelle Gewicht von staatsbürgerlichen Entscheidungen eines Mitgesetzgebers erst dadurch, dass sie aus einem öffentlichen Prozess der Meinungs- und Willensbildung hervorgehen, wobei dieser Prozess vom öffentlichen Für und Wider frei flottierender Meinungen, Argumente und Stellungnahmen gesteuert wird. Die Meinungen der Bürger sollen sich aus der dissonanten Springflut von Beiträgen im Lichte eines öffentlich artikulierten Meinungsaustausches erst *herausbilden*.

Idealerweise wurzelt die deliberative Politik in einer Bürgergesellschaft, die von ihren kommunikativen Freiheiten einen anarchischen Gebrauch macht. Aber in unseren weiträumigen, vom Kommunikationsnetz der Massenmedien erst hergestellten Öffentlichkeiten bedarf es nicht nur der Informationen und Anstöße vonseiten einer spontanen und unabhängigen Presse, sondern in erster Linie der Initiative, der Aufklärung und der Organisationsfähigkeit von politischen Parteien. Diese haben in der Bundesrepublik einen entsprechenden Verfassungsauftrag. Ich bin heute Abend zu Gast bei einer politischen Partei. Es ist aber keine Höflichkeit, sondern für Sie wohl eher eine Zumutung, wenn ich sage, dass das politische Schicksal Europas derzeit vor allem an der Einsicht und der normativen Empfindlichkeit, am Mut, an dem Ideenreichtum und an der Führungskraft der politischen Parteien hängt, in zweiter Linie freilich auch an der Wahrnehmungs- und Reaktionsfähigkeit der politischen Leitmedien.

Vom grünen Tisch aus lässt sich das leicht sagen. Erstens sind Parteien durch die Aufgaben des politischen Machterwerbs und -erhalts dazu genötigt, im Zeitmaß von Wahlperioden zu planen und zu handeln; sie gehen zusätzliche Risiken ein und haben diese zu verantworten, wenn sie das Gewicht ihrer pragmatischen Entscheidungen an weiter ausgreifenden, an historischen Zielsetzungen relativieren. Ferner operieren sie unter den Legitimationserwartungen nationaler Arenen, die sich noch kaum füreinander geöffnet haben; so dürfen Parteien keine Belohnungen erwarten, wenn sie, bevor überhaupt ein europäisches Parteiensystem besteht, gleichzeitig national und europäisch denken und handeln. Schließlich schnürt die nationale Parteienkonkurrenz den Entscheidungsspielraum für die Koalitionen ein, die sich im Hinblick auf Alternativen in der Europapolitik anbieten. Ein aktuelles Beispiel ist die missliche Lage der SPD vor dem Bundestagswahlkampf. Keine Partei kann es sich leisten, als Erste mit proeuropäischen Parolen aus der Deckung zu kommen, ohne von kurzsichtigen Konkurrenten, die tatsächlich ähnliche Ziele verfolgen, eine populistische Abstrafung befürchten zu müssen.

Heute entzieht sich die politische Meinungs- und Willensbildung der breiten Bevölkerung über die folgenreiche Alternative eines Mehr oder Weniger an Europa dem üblichen demoskopisch-kommerziellen Zugriff. Sie verlangt von den politischen Eliten einen ganz anderen, einen argumentativen und führungsstarken, einen mentalitätsprägenden Politikmodus. Es geht, im Bewusstsein der Fallibilität, um Überzeugungsarbeit. Man kann den Parteien keinen Vorwurf daraus machen, auf diese außerordentliche Situation nicht vorbereitet zu sein. Aber in außerordentlichen Situationen kann das offene Eingeständnis eines Dilemmas auch ein erster Schritt zu dessen Bewältigung sein.

8.

Drei Gründe für »Mehr Europa«[1]

Ich bedanke mich dafür, dass ich als Nichtjurist zu diesem prominenten Podium eingeladen worden bin. Der rechtspolitische Charakter der Veranstaltung rechtfertigt hoffentlich, dass ich die Diskussion mit stärker politischen Überlegungen ergänze. Zwar habe ich auch Fragen juristischer Natur auf dem Herzen. Aber zunächst halte ich mich an mein vorbereitetes Statement. Heute stellen uns ökonomische Zwänge, wenn ich mit einer klotzigen These beginnen darf, vor die Alternative, entweder mit der Preisgabe der gemeinsamen Währung das Nachkriegsprojekt der europäischen Einigung irreparabel zu beschädigen oder die Politische Union – zunächst in der Euro-Zone – so weit zu vertiefen, dass Transfers und die Vergemeinschaftung von Schulden über nationale Grenzen hinweg demokratisch legitimiert werden können. Man kann das eine nicht vermeiden, ohne das andere zu wollen. Dazu vier Bemerkungen.

(1) Lassen Sie mich mit einigen Überlegungen zum historischen Hintergrund beginnen. Die Beförderung des europäischen Einigungsprozesses war für eine politisch-moralisch belastete Bundesrepublik schon aus Klugheitsgründen geboten, um die von eigener Hand zerstörte internationale Reputation zurückzugewinnen. Die Einbettung in Europa bildete den Kontext, in dem sich ein liberales Selbstverständnis der Bundesrepublik erst herausgebildet hat. Der zähe Wandel der politischen Mentalität in der alten Bundesrepublik war das Ergebnis bis heute nachwirkender Konflikte. Auf dieser Basis hat nach der gelungenen Wiedervereinigung (mit 17 Millionen Bürgern einer anderen politischen Sozialisation) die Gewöhnung an eine gewis-

---

[1] Diskussionsbeitrag im Rahmen des »Forum Europa« des Deutschen Juristentages am 21. September 2012 in München.

se nationalstaatliche Normalität eingesetzt. Diese wird nun von der krisenhaft zugespitzten europäischen Frage herausgefordert. Die Führungsrolle in Europa, die der Bundesrepublik heute aus demographischen und ökonomischen Gründen zufällt, weckt nicht nur ringsum historische Gespenster, sondern ist auch für uns eine Versuchung zu nationalen Alleingängen. Die Antwort darauf ist die konsequente Fortführung der behutsam-kooperativen, in der alten Bundesrepublik eingeübten Politik für ein »Deutschland *in* Europa«.

(2) Ein zweiter Grund für eine vertiefte politische Integration ist die Verschiebung der Gewichte zwischen Politik und Markt, die sich in der Folge der neoliberalen Selbstentmächtigung der Politik bis heute fortsetzt. Für demokratische Staatsbürger ist Politik das einzige Mittel, um über kollektives Handeln auf die Geschicke und die gesellschaftlichen Existenzgrundlagen ihres Gemeinwesens *intentional* einzuwirken. Märkte sind andererseits selbstgesteuerte Systeme, die dezentral eine unüberschaubare Menge von Einzelentscheidungen koordinieren. Normativ betrachtet, sind beides potenziell freiheitssichernde Medien. In dieser Hinsicht kann man den demokratischen Rechtsstaat auch als die ingeniöse Erfindung verstehen, welche die gleichen Chancen der Teilnahme an der kollektiven Selbsteinwirkung der Gesellschaft mit der Gewährleistung gleichverteilter subjektiver Wirtschaftsfreiheiten so verschränkt, dass sich beide Medien in ihrer Wirkung ergänzen können. Ein spezifisches Merkmal der gegenwärtigen Krise ist die Zerstörung dieser Komplementarität. Im Teufelskreis zwischen den Gewinninteressen der Banken und Anleger und dem Gemeinwohlinteresse überschuldeter Staaten sitzen die Finanzmärkte am längeren Hebel. Nie zuvor sind gewählte Regierungen so umstandslos durch Vertrauenspersonen der Märkte ersetzt worden, denken Sie an Mario Monti oder Loukas Papademos. Während sich die Politik den Marktimperativen unterwirft und die Zunahme sozialer Ungleichheit in Kauf nimmt, entziehen sich systemische Mechanismen zunehmend der intentionalen Einwirkung demokra-

tisch gesetzten Rechts. Dieser Trend ist, wenn überhaupt, ohne eine Rückgewinnung politischer Handlungsfähigkeit auf europäischer Ebene nicht umzukehren.

(3) Ein dritter, währungspolitischer Grund für die Übertragung weiterer nationaler Hoheitsrechte auf die europäische Ebene ergibt sich aus notwendigen Bedingungen für das Funktionieren einer gemeinsamen Währung, die in der Euro-Zone nicht erfüllt sind. Damit wiederhole ich nur Argumente aus einer anderen Disziplin: Die EZB konnte nach Einführung des Euro mit ihrem einheitlichen Zinssatz die starken Divergenzen von Wachstums- und Inflationsentwicklungen der nationalen Wirtschaften nicht ausgleichen. Die fehlende Möglichkeit der Abwertung beraubt die nach wie vor haushaltspolitisch unabhängig operierenden Mitgliedsländer des wichtigsten Anpassungsmechanismus (in Gestalt höherer Preise für importierte Waren). Je weniger homogen die verschiedenen Ökonomien sind und je mehr sie sich im Grad ihrer Wettbewerbsfähigkeit unterscheiden, umso wichtiger sind andere Ausgleichsmechanismen wie (und das trifft auf Europa nicht zu) eine flexible Lohn- und Preisanpassung, eine hohe Mobilität der Arbeitskräfte oder eben die in unserem Fall allein möglichen Transferleistungen, die zum Beispiel in den USA vor allem über soziale Sicherungssysteme und Strukturprogramme laufen. Die Experten scheinen sich darin einig zu sein, dass die bestehenden und wachsenden strukturellen Ungleichgewichte innerhalb der Euro-Zone nicht ohne Transferleistungen abgefedert und auch nur im Rahmen gemeinsamer Struktur- und Wirtschaftspolitiken wenigstens mittelfristig verringert werden können. Die Zuständigkeiten für politische Entscheidungen mit transnationalen Umverteilungseffekten dürfen aber nicht allein beim Europäischen Rat konzentriert werden; denn in intergouvernementalen Verhandlungssystemen fallen die Reichweiten von demokratischem Mandat und Handlungsbefugnissen auseinander. Zur demokratischen Legitimation solcher Entscheidungen bedarf es vielmehr der paritätischen Beteiligung eines von der Gesamtheit der eu-

ropäischen Bürger gewählten Gesetzgebers, der auf der Grundlage *europaweit verallgemeinerter* Interessen entscheiden kann – und nicht nach einem von nationalen Egoismen bestimmten Modus der Willensbildung, wie er im Europäischen Rat vorherrscht.

(4) Diese drei Argumente beziehen sich auf weiter zurückreichende Entwicklungen und berühren nicht die Maßnahmen zur Bewältigung der aktuellen Krise. Sie erinnern aber an Probleme, die die inkrementalistisch handelnden politischen Akteure hinter dem Schleier einer unverbindlichen Europafreundlichkeit verbergen. Die Verantwortlichen präsentieren ihre Beschlüsse als Reparaturmaßnahmen, für welche die nationalen Parlamente nach wie vor die Hauptlast der Legitimation tragen können. Auch so muss man das Aufatmen der Bundesregierung nach dem letzten Urteil des Bundesverfassungsgerichts verstehen. Die Regierungschefs denken an ihre Wiederwahl, während der Ratspräsident, die Kommission und die Europäische Zentralbank eine »institutionelle Architektur« für eine »echte« Wirtschafts- und Fiskalunion entwerfen, »auf der Grundlage der gemeinsamen Ausübung von Hoheitsrechten in Bezug auf gemeinsame politische Maßnahmen«.[2] Auf meine Frage nach den Kompetenzen für eine solche »gemeinsame Ausübung von Hoheitsrechten« hat mir Herman Van Rompuy spontan geantwortet, dass dafür nicht nur die europäischen Verträge, sondern auch viele nationale Verfassungen geändert werden müssten. Wenn das tatsächlich die nicht öffentliche Perspektive der Brüsseler Politik wäre, betriebe unsere Regierung ein geschicktes Doppelspiel.

Angesichts dieses Claire-obscure kam dem Urteil des Bundesverfassungsgerichts vom 12. September 2012 mehr als nur eine politisch-operative Bedeutung zu: Das Gericht hätte norma-

---

[2] Herman Van Rompuy, »Auf dem Weg zu einer echten Wirtschafts- und Währungsunion. Bericht des Präsidenten des Europäischen Rates«, EUCO 120/12 (26. Juni 2012), online verfügbar unter: ⟨http://www.consilium.europa.eu/ue docs/cms_data/docs/pressdata/de/ec/131294.pdf⟩ (Stand: April 2013).

tive Aufklärungsarbeit leisten müssen. Nach meinem Eindruck konnte man schon bei der bisherigen Europa-Rechtsprechung nicht wissen, ob das Gericht den Nationalstaat um der Demokratie willen oder nicht doch eher die Demokratie um des Nationalstaates willen verteidigte.[3] Auf dieser abschirmend-souveränitätsversessenen Argumentationslinie hat sich das Gericht den Blick auf die kommunizierenden Röhren des nationalstaatlichen und des europäischen Rechts verstellt. Weil es davon ausgeht, dass der demokratische Grundsatz, wie er in Artikel 20, 2 des Grundgesetzes formuliert ist, nur im nationalen Rahmen implementiert werden kann, hatte es angesichts der vom Europäischen Rat jetzt an sich gezogenen Kompetenzen sein Pulver verschossen. Ich kann in dieser letzten Entscheidung keinen konstruktiven Beitrag zur transnationalen Rettung der auf nationaler Ebene gefährdeten Demokratie erkennen. Das in der Urteilsbegründung erklärte »Ja, aber« zu ESM und Fiskalpakt bekräftigt die demokratischen Grundnormen, an die die Kläger

---

3 Ich verstehe nicht, warum sich die Argumentation des Gerichts im sogenannten Lissabon-Urteil auf Art. 38, 1 des Grundgesetzes (GG) stützt, der mit der Ewigkeitsklausel nichts zu tun hat. Diese schützt allein die Mitwirkung der Länder an der Gesetzgebung und die in Art. 1 und 20 GG festgelegten *Grundsätze eines demokratischen Rechtsstaates*. Es geht also um eine normative Substanz, die das Grundgesetz erhalten sehen möchte, ohne aber zu sagen, dass diese nur innerhalb eines nationalen Territoriums und in Gestalt eines Nationalstaates implementiert werden dürfe. Dieselbe normative Substanz könnte auch im Rahmen einer supranationalen Mehrebenendemokratie erhalten bleiben, sofern die Mitgliedsstaaten durch ihre nationalen Verfassungsgerichte die Kompetenz behalten, darüber zu wachen. In Verbindung mit Art. 23, 1 GG, der die Bundesrepublik zur Mitarbeit an der Verwirklichung eines vereinten Europa auffordert, wird sich Art. 79, 3 GG kaum als Integrationsschranke begreifen lassen. Dieser Artikel bezieht sich auf das in Art. 20, 2 GG formulierte Demokratieprinzip *als solches*, nicht konkret auf das Wahlrecht zum Bundestag. Das Grundgesetz verliert kein Wort über einen »Identitätskern« der Bundesrepublik Deutschland. Aus guten Gründen taucht hier der Begriff der Souveränität nicht auf. Das Lissabon-Urteil verwendet den Souveränitätsbegriff hingegen an verschiedenen Stellen, und zwar in seiner klassischen Lesart. Aber hat nicht die Nachkriegsentwicklung mit Art. 23, 1 GG diese Lesart obsolet gemacht? Im Zuge einer Konstitutionalisierung des Völkerrechts verändert sich der traditionelle völkerrechtliche Sinn der Staatensouveränität. Diese sollte heute als Reflex der Volkssouveränität verstanden werden.

appellieren, zunächst verbal, aber im Prozess der richterlichen Anwendung auf normativ glitschige technokratische Sachverhalte scheint sich deren Substanz eher zu verflüchtigen.

9.

Demokratie oder Kapitalismus?
Vom Elend der nationalstaatlichen Fragmentierung einer kapitalistisch integrierten Weltgesellschaft

In seinem Buch über die vertagte Krise des demokratischen Kapitalismus[1] präsentiert Wolfgang Streeck eine schonungslose Analyse der Entstehungsgeschichte der gegenwärtigen, auf die Realwirtschaft durchschlagenden Banken- und Schuldenkrise. Diese schwungvolle und empirisch fundierte Untersuchung ist aus Streecks Adorno-Vorlesungen am Frankfurter Institut für Sozialforschung hervorgegangen. Sie erinnert in ihren besten Partien – also immer dann, wenn sich die politische Leidenschaft mit der augenöffnenden Kraft kritisch beleuchteter Tatsachen und schlagender Argumente verbindet – an den *Achtzehnten Brumaire des Louis Bonaparte*. Den Ausgangspunkt bildet die berechtigte Kritik an der von Claus Offe und mir Anfang der Siebziger entwickelten Krisentheorie. Der damals vorherrschende keynesianische Steuerungsoptimismus hatte uns zu der Annahme inspiriert, dass sich die politisch beherrschten wirtschaftlichen Krisenpotenziale in widersprüchliche Imperative an einen überforderten Staatsapparat und in »kulturelle Widersprüche des Kapitalismus« (wie es Daniel Bell einige Jahre später formulierte) *verschieben* und in der Gestalt einer Legitimationskrise *äußern* würden. Heute begegnen wir (noch?) keiner Legitimations-, aber einer handfesten Wirtschaftskrise.

---

[1] Wolfgang Streeck, *Gekaufte Zeit. Die vertagte Krise des demokratischen Kapitalismus. Frankfurter Adorno-Vorlesungen 2012*, Berlin: Suhrkamp 2013. Die Seitenangaben im Text beziehen sich auf diese Ausgabe.

Die Genese der Krise

Ausgestattet mit dem Besserwissen des historisch zurückblickenden Beobachters, beginnt Wolfgang Streeck seine eigene Darstellung des Krisenverlaufs mit einer Skizze des sozialstaatlichen Regimes, das im Nachkriegseuropa bis zum Beginn der siebziger Jahre aufgebaut worden war.[2] Darauf folgten die Phasen der Durchsetzung der neoliberalen Reformen, die ohne Rücksicht auf soziale Folgen die Verwertungsbedingungen des Kapitals verbessert und dabei stillschweigend die Semantik des Ausdrucks »Reform« auf den Kopf gestellt haben. Im Zuge dieser Reformen wurden die korporatistischen Verhandlungszwänge gelockert und die Märkte dereguliert – nicht nur die Arbeitsmärkte, sondern auch die Märkte für Güter und Dienstleistungen, vor allem die Kapitalmärkte: »Gleichzeitig verwandelten sich die Kapitalmärkte in Märkte für Unternehmenskontrolle, die die Steigerung des *shareholder value* zur obersten Maxime guter Unternehmensführung erhoben [...].« (S. 57f.) Wolfgang Streeck beschreibt diese mit Reagan und Thatcher einsetzende Wende als Befreiungsschlag der Kapitaleigentümer und deren Manager gegen einen demokratischen Staat, der zugunsten der sozialen Gerechtigkeit die Gewinnspannen der Unternehmen gedrosselt, aus Sicht der Anleger jedoch das Wirtschaftswachstum stranguliert und damit dem vermeintlichen Allgemeininteresse geschadet hatte. Die empirische Substanz der Untersuchung besteht in einem Längsschnittvergleich relevanter Länder über die letzten vier Jahrzehnte hinweg. Dieser ergibt, bei allen Unterschieden zwischen den nationalen Ökonomien, das Bild eines im Ganzen erstaunlich gleichförmigen Krisenverlaufs. Die steigenden Inflationsraten der siebziger Jahre werden von einer steigenden Verschuldung der öffentlichen

2 Charakteristika sind Vollbeschäftigung, Brachentarifverträge, Mitbestimmung, die staatliche Kontrolle von Schlüsselindustrien, ein breiter öffentlicher Sektor mit sicherer Beschäftigung, eine Einkommens- und Steuerpolitik, die krasse soziale Ungleichheiten verhindert, schließlich eine staatliche Konjunktur- und Industriepolitik zur Vermeidung von Wachstumsrisiken.

und der privaten Haushalte abgelöst. Gleichzeitig wächst die Ungleichheit der Vermögens-Einkommensverteilung, während die Staatseinnahmen im Verhältnis zu den öffentlichen Ausgaben abnehmen. Bei wachsender sozialer Ungleichheit führt diese Entwicklung zu einer Transformation des Steuerstaates: »Der von seinen Bürgern regierte und, als *Steuerstaat*, von ihnen alimentierte demokratische Staat wird zum demokratischen *Schuldenstaat*, sobald seine Subsistenz nicht mehr nur von den Zuwendungen seiner Bürger, sondern in erheblichem Ausmaß auch von dem Vertrauen von Gläubigern abhängt.« (S. 119)

In der Europäischen Währungsgemeinschaft lassen sich die perversen Folgen einer Einschränkung der politischen Handlungsfähigkeit der Staaten durch »die Märkte« besichtigen. Die Transformation des Steuerstaats in den Schuldenstaat bildet hier den Hintergrund für den vitiösen Zirkel der Rettung maroder Banken durch Staaten und den Umstand, dass diese Staaten dann ihrerseits von denselben Banken in den Ruin getrieben werden – mit der Folge, dass das herrschende Finanzregime deren Bevölkerungen unter Kuratel stellt. Was das für die Demokratie bedeutet, haben wir unter dem Mikroskop während jener Gipfelnacht in Cannes beobachten können, als der griechische Ministerpräsident Papandreou von seinen schulterklopfenden Kollegen gezwungen wurde, ein geplantes Referendum abzusagen.[3]

Wolfgang Streecks Verdienst ist der Nachweis, dass die »Politik des Schuldenstaates«, die der Europäische Rat seit 2008 auf Drängen der deutschen Bundesregierung betreibt, im Wesentlichen das kapitalfreundliche Politikmuster fortschreibt, das in die Krise geführt hat.

Unter den besonderen Bedingungen der Europäischen Währungsunion unterwirft die Politik der fiskalischen Konsolidierung alle Mitgliedsstaaten, ungeachtet der Unterschiede im Ent-

---

3 Vgl. dazu Jürgen Habermas, »Rettet die Würde der Demokratie«, in: *Frankfurter Allgemeine Zeitung* (4. November 2011), online verfügbar unter: ⟨http://www.faz.net/aktuell/feuilleton/euro-krise-rettet-die-wuerde-der-demokratie-11517735.html Seite 31⟩ (Stand: April 2013).

wicklungsstand ihrer Ökonomien, den gleichen Regeln und konzentriert, in der Absicht der Durchsetzung dieser Regeln, Eingriffs- und Kontrollrechte auf der europäischen Ebene. Ohne eine gleichzeitige Stärkung des Europäischen Parlaments befestigt diese Bündelung von Kompetenzen bei Rat und Kommission die Entkoppelung der nationalen Öffentlichkeiten und Parlamente von dem abgehobenen, technokratisch verselbstständigten Konzert der markthörigen Regierungen. Wolfgang Streeck fürchtet, dass dieser forcierte Exekutivföderalismus in Europa eine Herrschaftsausübung ganz neuer Qualität herbeiführen wird:

> »Die als Antwort auf die Fiskalkrise in Angriff genommene Konsolidierung der europäischen Staatsfinanzen läuft auf einen von Finanzinvestoren und Europäischer Union koordinierten Umbau des europäischen Staatensystems hinaus – auf eine *Neuverfassung* der kapitalistischen Demokratie in Europa im Sinne einer Festschreibung der Ergebnisse von drei Jahrzehnten wirtschaftlicher Liberalisierung.« (S. 164)

Diese zuspitzende Interpretation der in Gang befindlichen Reformen trifft eine alarmierende Entwicklungstendenz, die sich, obwohl sie die historische Verbindung von Demokratie und Kapitalismus aufkündigt, wahrscheinlich sogar durchsetzen wird. Vor den Toren der Europäischen Währungsunion wacht ein britischer Premier, dem es mit der neoliberalen Abwicklung des Sozialstaates nicht schnell genug geht und der, als der wahre Erbe Margaret Thatchers, eine willige Bundeskanzlerin aufmunternd antreibt, im Kreise ihrer Kollegen die Peitsche zu schwingen: »Wir wollen ein Europa, das aufwacht und diese moderne Welt aus Wettbewerb und Flexibilität erkennt.«[4] Zu dieser Kri-

---

4 Zitiert nach Stefan Kornelius, »Cameron bekennt sich zu Europa«, in: *Süddeutsche Zeitung* (8. April 2013), online verfügbar unter: ⟨http://www.sueddeutsche.de/politik/britischer-premierminister-im-interview-cameron-bekennt-sich-zu-europa-1.1642675⟩ (Stand: April 2013).

senpolitik gibt es – am grünen Tisch – zwei Alternativen: entweder die defensive Rückabwicklung des Euro, ein Ziel, dessen Erreichung sich in Deutschland eine soeben neu gegründete Partei widmet, oder den offensiven Ausbau der Währungsgemeinschaft zu einer supranationalen Demokratie. Diese könnte bei entsprechenden politischen Mehrheiten die institutionelle Plattform für eine Umkehrung des neoliberalen Trends bieten.

Die nostalgische Option

Wenig überraschend optiert Wolfgang Streeck für eine Umkehr des Trends der Entdemokratisierung. Das bedeutet, »Institutionen aufzubauen, mit denen Märkte wieder unter soziale Kontrolle gebracht werden können: Märkte für Arbeit, die Platz lassen für soziales Leben, Märkte für Güter, die die Natur nicht zerstören, Märkte für Kredit, die nicht zur massenhaften Produktion uneinlösbarer Versprechen verführen.« (S. 237) Aber die konkrete Schlussfolgerung, die er aus seiner Diagnose zieht, ist umso überraschender. Es ist nicht der demokratische Ausbau einer auf halbem Wege stehen gebliebenen Union, der das aus den Fugen geratene Verhältnis von Politik und Markt wieder in eine demokratieverträgliche Balance bringen soll. Wolfgang Streeck empfiehlt Rückbau statt Ausbau. Er möchte zurück in die nationalstaatliche Wagenburg der sechziger und siebziger Jahre, um »die Reste jener politischen Institutionen so gut wie möglich zu verteidigen und instand zu setzen, mit deren Hilfe es vielleicht gelingen könnte, Marktgerechtigkeit durch soziale Gerechtigkeit zu modifizieren oder gar zu ersetzen« (S. 236).
Überraschend ist diese nostalgische Option für eine Einigelung in der souveränen Ohnmacht der überrollten Nation angesichts der epochalen Umwandlung von Nationalstaaten, die ihre territorialen Märkte noch unter Kontrolle hatten, zu depotenzierten Mitspielern, die ihrerseits in globalisierte Märkte eingebettet sind. Der politische Steuerungsbedarf, den eine hoch interde-

pendente Weltgesellschaft heute erzeugt, wird von einem immer dichter gewobenen Netz internationaler Organisationen bestenfalls aufgefangen, aber in den asymmetrischen Formen des gepriesenen »Regierens jenseits des Nationalstaates« keineswegs bewältigt. Angesichts dieses Problemdrucks einer systemisch zusammenwachsenden, aber politisch nach wie vor anarchischen Weltgesellschaft gab es 2008 zunächst eine verständliche Reaktion auf den Ausbruch der Weltwirtschaftskrise. Die bestürzten Regierungen der G8 beeilten sich, die BRICS-Staaten und einige andere in ihre Beratungsrunde aufzunehmen. Andererseits dokumentiert die Folgenlosigkeit der auf jener ersten G20-Konferenz in London gefassten Beschlüsse das Defizit, das durch eine Restauration der geborstenen nationalstaatlichen Bastionen nur noch vergrößert würde: die mangelnde Kooperationsfähigkeit, die aus der politischen Fragmentierung einer gleichwohl wirtschaftlich integrierten Weltgesellschaft resultiert.

Offensichtlich reicht die politische Handlungsfähigkeit von Nationalstaaten, die über ihre längst ausgehöhlte Souveränität eifersüchtig wachen, nicht aus, um sich den Imperativen eines überdimensional aufgeblähten und dysfunktionalen Bankensektors zu entziehen. Staaten, die sich nicht zu supranationalen Einheiten assoziieren und nur über das Mittel internationaler Verträge verfügen, versagen vor der politischen Herausforderung, diesen Sektor wieder an die Bedürfnisse der Realwirtschaft rückzukoppeln und auf das funktional gebotene Maß zu reduzieren. Die Staaten der Europäischen Währungsgemeinschaft sind auf besondere Weise mit der Aufgabe konfrontiert, unumkehrbar globalisierte Märkte in die Reichweite einer indirekten, aber gezielten politischen Einwirkung einzuholen. Tatsächlich beschränkt sich jedoch deren Krisenpolitik auf den Ausbau einer Expertokratie für Maßnahmen mit aufschiebender Wirkung. Ohne den Druck der Willensbildung einer vitalen, über nationale Grenzen hinweg mobilisierbaren Bürgergesellschaft fehlen einer verselbstständigten Brüsseler Exekutive die Kraft und das Interesse, wild gewordene Märkte sozial verträglich zu reregulieren.

Wolfgang Streeck weiß natürlich, dass die »Macht der Anleger […] sich vor allem aus ihrer fortgeschrittenen internationalen Integration und dem Vorhandensein effizienter globaler Märkte« speist (S. 129). Im Rückblick auf den globalen Siegeszug der Deregulierungspolitik stellt er ausdrücklich fest, er müsse offen lassen, »ob und mit welchen Mitteln es national organisierter demokratischer Politik in einer immer internationaler gewordenen Wirtschaft überhaupt hätte gelingen können, Entwicklungen wie diese unter Kontrolle zu bringen« (S. 112). Weil er immer wieder den »Organisationsvorsprung global integrierter Finanzmärkte gegenüber nationalstaatlich organisierten Gesellschaften« (S. 126) betont, drängt, so denkt man, seine eigene Analyse zu dem Schluss, jene marktregulierende Kraft der demokratischen Gesetzgebung, die einmal in den Nationalstaaten konzentriert war, auf supranationaler Ebene zu restaurieren. Trotzdem bläst er zum Rückzug hinter die Maginot-Linie der nationalstaatlichen Souveränität.

Allerdings flirtet er am Ende des Buches mit der ziellosen Aggression eines selbstdestruktiven Widerstandes, der die Hoffnung auf eine konstruktive Lösung aufgegeben hat.[5] Darin verrät sich eine gewisse Skepsis gegenüber dem eigenen Appell an die Befestigung der verbliebenen nationalen Bestände. Im Licht dieser Resignation erscheint der Vorschlag zu einem »europäischen Bretton Woods« (S. 250 ff.) wie nachgeschoben. Der tiefe Pessimismus, in dem die Erzählung endet, wirft die Frage auf, was die einleuchtende Diagnose des Auseinanderdriftens von

---

5 Als europäischer Bürger, der die griechischen, spanischen und portugiesischen Proteste (bequem genug) in der Zeitung verfolgt, kann ich allerdings Streecks Empathie mit den »Wutausbrüchen der Straße« auch nachfühlen: »Wenn demokratisch organisierte Staatsvölker sich nur noch dadurch verantwortlich verhalten können, dass sie von ihrer nationalen Souveränität keinen Gebrauch mehr machen und sich für Generationen darauf beschränken, ihre Zahlungsfähigkeit gegenüber ihren Kreditgebern zu sichern, könnte es verantwortlicher erscheinen, es auch einmal mit unverantwortlichem Handeln zu versuchen.« (S. 218)

Kapitalismus und Demokratie für die Aussichten eines Politikwechsels bedeutet. Soll sich darin eine grundsätzliche Unvereinbarkeit von Demokratie und Kapitalismus verraten? Um diese Frage zu klären, müssen wir uns über den theoretischen Hintergrund der Analyse klar werden.

Kapitalismus oder Demokratie?

Den *Rahmen* für die Krisenerzählung bildet eine Interaktion, an der drei Spieler beteiligt sind: der Staat, der sich aus Steuern alimentiert und durch Wahlstimmen legitimiert; die Wirtschaft, die für kapitalistisches Wachstum und ein hinreichendes Niveau der Steuereinnahmen sorgen muss; schließlich die Bürger, die dem Staat ihre politische Unterstützung nur im Austausch gegen die Befriedigung ihrer Interessen leihen. Das *Thema* bildet die Frage, ob und gegebenenfalls wie es dem Staat gelingt, die konträren Forderungen beider Seiten auf intelligenten Pfaden der Krisenvermeidung zum Ausgleich zu bringen. Bei Strafe des Ausbruchs von Krisen der Wirtschaft oder des sozialen Zusammenhalts muss der Staat einerseits Gewinnerwartungen, also die fiskalischen, rechtlichen und infrastrukturellen Bedingungen für eine gewinnbringende Kapitalverwertung erfüllen; andererseits muss er gleiche Freiheiten gewährleisten und, in der Münze von fairer Einkommensverteilung und Statussicherheit sowie von öffentlichen Dienstleistungen und der Bereitstellung kollektiver Güter, Forderungen nach sozialer Gerechtigkeit einlösen. Der *Inhalt* der Erzählung besteht dann darin, dass die neoliberale Strategie der Befriedigung der Kapitalverwertungsinteressen grundsätzlich Vorrang vor den Forderungen nach sozialer Gerechtigkeit einräumt und Krisen nur noch um den Preis wachsender sozialer Verwerfungen »vertagen« kann.[6]

---

6 Inzwischen ist allerdings die Privatisierung der Daseinsvorsorge so weit fortgeschritten, dass sich dieser systemische Konflikt immer weniger eindeutig

Bezieht sich nun die im Titel des Buches angezeigte »Vertagung der Krise des demokratischen Kapitalismus« auf das Ob oder nur auf den Zeitpunkt ihres Eintretens? Da Wolfgang Streeck sein Szenario in einem handlungstheoretischen Rahmen entwickelt, ohne sich auf »Gesetze« des ökonomischen Systems (z. B. einen »tendenziellen Fall der Profitrate«) zu stützen, ergibt sich aus der Anlage der Darstellung klugerweise keine theoretisch begründete Voraussage. Voraussagen über den weiteren Krisenverlauf können sich in diesem Rahmen nur aus der Einschätzung historischer Umstände und kontingenter Machtkonstellationen ergeben. Rhetorisch verleiht Wolfgang Streeck seiner Darstellung der Krisentendenzen allerdings ein gewisses Flair der Unausweichlichkeit, indem er die konservative These von der »Anspruchsinflation übermütiger Massen« zurückweist und die Krisendynamik allein aufseiten der kapitalistischen Verwertungsinteressen verortet. Seit den achtziger Jahren ging die politische Initiative tatsächlich von dieser Seite aus, aber einen ausreichenden Grund für eine defätistische Preisgabe des europäischen Projektes kann ich darin nicht entdecken.

Ich habe den Eindruck, dass Wolfgang Streeck den Sperrklinkeneffekt der nicht nur rechtlich *geltenden* Verfassungsnormen, sondern des *faktisch bestehenden* demokratischen Komplexes unterschätzt – die Beharrungskräfte der eingewöhnten, in politische Kulturen eingebetteten Institutionen, Regeln und Praktiken. Ein Beispiel sind die Massenproteste in Lissabon und anderswo, die den portugiesischen Staatspräsidenten Aníbal Cavaco Silva dazu bewogen haben, Klage gegen den sozialen Skandal der Sparpolitik seiner regierenden Parteifreunde einzureichen. Daraufhin hat das portugiesische Verfassungsgericht Teile des entsprechenden Staatsvertrages mit der Europäischen Union und dem Internationalen Währungsfonds für ungültig

---

auf Interessenlagen verschiedener sozialer Gruppen abbilden lässt. Die Mengen des »Volkes der Staatsbürger« und des »Marktvolkes« decken sich nicht mehr. Der Interessengegensatz erzeugt in zunehmendem Maße Konflikte in ein und denselben Personen.

erklärt und die Regierung wenigstens zu einem Augenblick des Nachdenkens über den Vollzug des »Diktats der Märkte« veranlasst.

Die ackermannschen Renditevorstellungen der Aktionäre sind ebenso wenig Naturgegebenheiten wie die von hilfsbereiten Medien gepäppelten elitären Vorstellungen einer verwöhnten, international abgehobenen Managerklasse, die auf »ihre« Politiker wie auf unfähige Bedienstete herabblickt. Die Behandlung der Zypern-Krise, als es nicht mehr um die Rettung der je eigenen Banken ging, hat plötzlich gezeigt, dass sich statt der Steuerzahler sehr wohl die Verursacher der Krise zur Kasse bitten lassen. Und verschuldete staatliche Haushalte könnten ebenso durch Einnahmesteigerungen wie durch Ausgabenkürzungen in Ordnung gebracht werden. Allerdings würde erst der institutionelle Rahmen für eine gemeinsame europäische Fiskal-, Wirtschafts- und Sozialpolitik eine notwendige Voraussetzung für die mögliche Beseitigung des Strukturfehlers einer suboptimalen Währungsunion schaffen. Nur eine gemeinsame europäische Anstrengung, nicht die abstrakte Zumutung, die nationale Wettbewerbsfähigkeit aus eigener Kraft zu verbessern, kann die fällige Modernisierung von überholten Wirtschafts- und klientelistischen Verwaltungsstrukturen voranbringen.

Was eine demokratiekonforme Gestalt der Europäischen Union, die aus nahe liegenden Gründen zunächst nur die Mitglieder der Europäischen Währungsgemeinschaft umfassen könnte, von einem marktkonformen Exekutivföderalismus unterscheiden würde, sind vor allem zwei Innovationen: *Erstens* eine gemeinsame politische Rahmenplanung, entsprechende Transferzahlungen und eine wechselseitige Haftung der Mitgliedsstaaten. *Zweitens* die Änderungen des Vertrages von Lissabon, die für eine demokratische Legitimation der entsprechenden Kompetenzen nötig sind, also eine paritätische Beteiligung von Parlament und Rat an der Gesetzgebung und die gleichmäßige Verantwortlichkeit der Kommission gegenüber beiden Institutionen. Dann würde die politische Willensbildung nicht mehr nur von den zähen Kompromissen zwischen Vertretern nationaler Interessen abhängen, die sich gegenseitig blockieren, sondern in gleichem Maße von den Mehrheitsentscheidungen der nach Parteipräferenzen gewählten Abgeordneten. Nur in dem nach Fraktionen gegliederten Europäischen Parlament kann *eine nationale Grenzen durchkreuzende* Interessenverallgemeinerung stattfinden. Nur in parlamentarischen Verfahren kann sich eine europaweit generalisierte Wir-Perspektive der EU-Bürger zur institutionalisierten Macht verfestigen. Ein solcher Perspektivenwechsel ist nötig, um auf den einschlägigen Politikfeldern die bisher favorisierte regelgebundene Koordinierung scheinsouveräner einzelstaatlicher Politiken durch eine gemeinsame diskretionäre Willensbildung abzulösen. Die unvermeidlichen Effekte einer kurz- und mittelfristigen Umverteilung sind nur zu legitimieren, wenn sich die nationalen Interessen mit dem europäischen Gesamtinteresse verbünden und an diesem auch relativieren.

Ob und wie Mehrheiten für eine entsprechende Änderung des Primärrechts zu gewinnen wären, ist eine, und eine durchaus schwierige Frage, auf die ich unten noch kurz zurückkommen werde. Aber unabhängig davon, ob eine Reform unter heutigen Umständen machbar ist, zweifelt Wolfgang Streeck daran, dass das Format einer supranationalen Demokratie überhaupt auf die europäischen Verhältnisse passt. Er bestreitet die Funktionsfähigkeit einer solchen politischen Ordnung und hält sie wegen ihres vermeintlich repressiven Charakters auch nicht für wünschenswert. Aber sind die vier Gründe, die er dafür ins Feld führt, auch gute Gründe?[7]

---

[7] Ich sehe im Folgenden von den ökonomischen Folgen einer Rückabwicklung des Euro ganz ab; vgl. dazu Elmar Altvater, »Der politische Euro. Eine Gemeinschaftswährung ohne Gemeinschaft hat keine Zukunft«, in: *Blätter für deutsche und internationale Politik* 5/2013, S. 71-79.

Gründe gegen eine Politische Union

Das *erste* und vergleichsweise *stärkste Argument* richtet sich gegen die Wirksamkeit regionaler Wirtschaftsprogramme angesichts der geschichtlich begründeten Heterogenität von Wirtschaftskulturen, von der wir auch in Kerneuropa ausgehen müssen. Tatsächlich muss die Politik in einer Währungsgemeinschaft darauf gerichtet sein, ein strukturelles Gefälle der Wettbewerbsfähigkeit zwischen den nationalen Wirtschaften auf Dauer zu reduzieren – oder wenigstens einzudämmen. Als Gegenbeispiele erwähnt Wolfgang Streeck die ehemalige DDR seit der Wiedervereinigung und das Mezzogiorno. Beide Fälle erinnern zweifellos an die ernüchternden mittelfristigen Zeithorizonte, mit denen die gezielte Förderung des Wirtschaftswachstums in rückständigen Regionen immer zu rechnen hat. Für die auf eine europäische Wirtschaftsregierung zukommenden Regelungsprobleme sind die beiden ins Feld geführten Beispiele freilich zu untypisch, um einen grundsätzlichen Pessimismus zu rechtfertigen. Die Rekonstruktion der ostdeutschen Wirtschaft hat es mit dem historisch völlig neuen Problem eines gewissermaßen assimilierenden, nicht aus eigener Kraft, sondern von den Eliten der Bundesrepublik gesteuerten Systemwechsels zu tun, der innerhalb einer vier Jahrzehnte lang geteilten Nation vollzogen wird. Mittelfristig scheinen die relativ großen Transferleistungen den erwünschten Erfolg durchaus zu haben.
Anders verhält es sich mit dem hartnäckigeren Problem der wirtschaftlichen Förderung eines ökonomisch rückständigen und verarmten, gesellschaftlich und kulturell von vormodernen und staatsfernen Zügen geprägten, politisch unter der Mafia leidenden Süditalien. Für die sorgenvollen Blicke, die der europäische Norden heute auf manche »Südländer« richtet, ist auch dieses Beispiel wegen seines speziellen geschichtlichen Hintergrundes wenig informativ. Denn das Problem des geteilten Italien ist mit den Langzeitfolgen der nationalen Einigung eines Landes verflochten, das seit dem Ende des Römischen Reiches

unter wechselnden Fremdherrschaften gelebt hatte. Die historischen Wurzeln des gegenwärtigen Problems gehen auf das missratene, vom Haus Savoyen militärisch betriebene und als usurpatorisch empfundene Risorgimento zurück. In diesem Kontext standen auch noch die mehr oder weniger erfolglosen Anstrengungen der italienischen Regierungen der Nachkriegszeit. Diese haben sich, wie Streeck selbst bemerkt, im Filz der regierenden Parteien mit in den örtlichen Machtstrukturen verfangen. Die politische Durchsetzung der Entwicklungsprogramme ist an einer korruptionsanfälligen Verwaltung und nicht an der Widerständigkeit einer Sozial- und Wirtschaftskultur gescheitert, die ihre Kraft aus einer bewahrenswerten Lebensform bezöge. Im stark verrechtlichten europäischen Mehrebenensystem dürfte jedoch der holprige Organisationsweg von Rom nach Kalabrien und Sizilien kaum das Muster für die nationale Umsetzung von Brüsseler Programmen sein, an deren Zustandekommen 16 andere argwöhnische Nationen beteiligt sein würden.

Das *zweite Argument* bezieht sich auf die brüchige soziale Integration »unvollendeter Nationalstaaten« wie Belgien und Spanien (S. 242 f.). Mit dem Hinweis auf die schwelenden Konflikte zwischen Wallonen und Flamen bzw. zwischen Katalanen und der Zentralregierung in Madrid macht Wolfgang Streeck auf Integrationsprobleme aufmerksam, die angesichts der regionalen Vielfalt schon innerhalb eines Nationalstaates schwer zu bewältigen sind – und um wie viel schwieriger würde das erst in einem großräumigen Europa sein! Nun hat der komplexe Staatenbildungsprozess tatsächlich Linien eines unbewältigten Konflikts mit älteren Formationen hinterlassen – denken wir an die Bayern, die 1949 dem Grundgesetz nicht zugestimmt haben, an die friedliche Trennung der Slowakei von Tschechien, das blutige Auseinanderfallen Jugoslawiens, an den Separatismus der Basken, der Schotten, der Lega Nord usw. Aber an diesen historischen Sollbruchstellen treten Konflikte immer dann auf, wenn die verletzbarsten Teile der Bevölkerung in wirtschaftliche Krisen- oder geschichtliche Umbruchsituationen geraten, verunsichert sind und ihre Furcht vor Statusverlust durch das Anklammern an vermeintlich »natürliche« Identitäten verarbeiten – gleichviel, ob es nun der »Stamm«, die Region, die Sprache oder die Nation ist, die diese vermeintlich natürliche Identitätsbasis verspricht. Der nach dem Zerfall der Sowjetunion erwartbare Nationalismus in den mittel- und osteuropäischen Staaten ist in dieser Hinsicht ein sozialpsychologisches Äquivalent für den in den »alten« Nationalstaaten auftretenden Separatismus.

Das angeblich »Gewachsene« dieser Identitäten ist in beiden Fällen gleichermaßen fiktiv[8] und keine historische Tatsache, aus der sich ein Integrationshindernis ableiten ließe. Regressionsphänomene dieser Art sind Symptome eines Versagens von Politik und Wirtschaft, die das notwendige Maß an sozialer Sicherheit nicht mehr herstellen. Die soziokulturelle Vielfalt der Regionen und Nationen ist ein Reichtum, der Europa vor anderen Kontinenten auszeichnet, keine Schranke, die Europa auf eine kleinstaatliche Form der politischen Integration festlegt.

Die beiden ersten Einwände betreffen die Funktionsfähigkeit und die Stabilität einer engeren Politischen Union. Mit einem *dritten Argument* möchte Wolfgang Streeck auch deren Wünschbarkeit bestreiten: Eine politisch erzwungene Angleichung der Wirtschaftskulturen des Südens an die des Nordens würde auch die Nivellierung der entsprechenden Lebensformen bedeuten. Nun mag man im Falle einer marktradikalen »Aufpfropfung eines einheitlichen Wirtschafts- und Gesellschafts-

---

8 Unter den deutschen »Stämmen« gelten die »sesshaften« Bayern als der ursprünglichste. DNA-Analysen an Knochenfunden aus der späten Völkerwanderungszeit, als die Bajuwaren zum ersten Mal als solche historisch auftraten, haben die sogenannte »Sauhaufen«-Theorie bestätigt, »wonach sich eine spätrömische Kernbevölkerung mit großen Migrantenscharen aus Zentralasien, Osteuropa und dem Norden Deutschlands zu einem bajuwarischen Stamm formierte« (Rudolf Neumaier, »Mia san mia – aber woher? Das Volk, das plötzlich da war: Eine Archäologin gräbt die Multikulti-Wurzeln der Bajuwaren aus«, in: *Süddeutsche Zeitung* [8. April 2013], S. 12).

modells« (S. 238) von einer erzwungenen Homogenisierung der Lebensverhältnisse sprechen. Aber gerade in dieser Hinsicht darf die Differenz zwischen demokratie- und marktkonformen Entscheidungsprozessen nicht verschwimmen. Die auf europäischer Ebene getroffenen und demokratisch legitimierten Entscheidungen über regionale Wirtschaftsprogramme oder länderspezifische Maßnahmen der Rationalisierung staatlicher Verwaltungen würden auch eine Vereinheitlichung von sozialen Strukturen zur Folge haben. Aber wenn man jede politisch geförderte Modernisierung in den Verdacht einer erzwungenen Homogenisierung rückt, macht man aus Familienähnlichkeiten zwischen Wirtschaftsweisen und Lebensformen einen kommunitaristischen Fetisch. Im Übrigen löst die weltweite Diffusion ähnlicher gesellschaftlicher Infrastrukturen, die heute fast alle Gesellschaften zu »modernen« Gesellschaften macht, überall Individualisierungsprozesse und eine Vervielfältigung von Lebensformen aus.[9]

Kein europäisches »Volk«?

Schließlich teilt Wolfgang Streeck die Annahme, dass sich die egalitäre Substanz der rechtsstaatlichen Demokratie nur auf der Grundlage nationaler Zusammengehörigkeit und daher in den territorialen Grenzen eines Nationalstaates verwirklichen lässt, weil sonst die Majorisierung von Minderheitskulturen unvermeidlich sei. Ganz abgesehen von der umfangreichen Diskussion über kulturelle Rechte ist diese Annahme, wenn man

9 Der wachsende Pluralismus der Lebensformen, der die zunehmende Differenzierung von Wirtschaft und Kultur belegt, widerspricht der Erwartung homogenisierter Lebensweisen. Auch die von Streeck beschriebene Ablösung der korporatistischen Regelungsformen durch deregulierte Märkte hat zu einem Individualisierungsschub geführt, der die Soziologen beschäftigt hat. Nebenbei bemerkt erklärt dieser Schub auch das merkwürdige Phänomen des Seitenwechsels jener 68er-Renegaten, die sich der Illusion hingaben, ihre libertären Impulse unter marktliberalen Bedingungen der Selbstausbeutung ausleben zu können.

sie aus der Langzeitperspektive betrachtet, willkürlich. Bereits Nationalstaaten stützen sich auf die höchst artifizielle Gestalt einer Solidarität unter Fremden, die durch den rechtlich konstruierten Staatsbürgerstatus erst erzeugt worden ist. Auch in ethnisch und sprachlich homogenen Gesellschaften ist das Nationalbewusstsein nichts Naturwüchsiges, sondern ein administrativ gefördertes Produkt von Geschichtsschreibung, Presse, allgemeiner Wehrpflicht usw. Am Nationalbewusstsein heterogener Einwanderungsgesellschaften zeigt sich exemplarisch, dass jede Population die Rolle einer »Staatsnation« übernehmen kann, die vor dem Hintergrund einer geteilten politischen Kultur zu einer gemeinsamen politischen Willensbildung fähig ist.
Weil das klassische Völkerrecht zum modernen Staatensystem in einer komplementären Beziehung steht, spiegelt sich in den einschneidenden völkerrechtlichen Innovationen, die seit dem Ende des Zweiten Weltkriegs stattgefunden haben, der ähnlich tief greifende Gestaltwandel des Nationalstaates. Mit dem tatsächlichen Gehalt der formell gewahrten Staatensouveränität ist auch der Spielraum der Volkssouveränität geschrumpft. Das gilt erst recht für die europäischen Staaten, die einen Teil ihrer Souveränitätsrechte auf die Europäische Union übertragen haben. Deren Regierungen betrachten sich zwar immer noch als »Herren der Verträge«. Aber selbst in den Qualifikationen des (im Lissaboner Vertrag eingeführten) Rechts, aus der Union auszuscheiden, verrät sich eine Einschränkung ihrer Souveränität. Diese löst sich, aufgrund des funktional begründeten Vorrangs des europäischen Rechts, ohnehin in eine Fiktion auf, weil im Zuge der Umsetzung des europäisch gesetzten Rechts die horizontale Verflechtung der nationalen Rechtssysteme immer weiter fortschreitet. Umso dringender stellt sich die Frage der hinreichenden demokratischen Legitimierung dieser Rechtsetzung.
Wolfgang Streeck fürchtet die »unitarisch-jakobinischen« Züge einer supranationalen Demokratie, weil diese auf dem Wege einer Dauermajorisierung von Minderheiten auch zur Nivellie-

rung der »auf räumliche Nähe gegründeten Wirtschafts- und Identitätsgemeinschaften« führen müsse. (S. 243) Dabei unterschätzt er die innovative rechtschöpferische Phantasie, die sich schon in den bestehenden Institutionen und geltenden Regelungen niedergeschlagen hat. Ich denke an das ingeniöse Entscheidungsverfahren der »doppelten Mehrheit« oder an die gewichtete Zusammensetzung des Europäischen Parlaments, die gerade unter Gesichtspunkten fairer Repräsentation auf die starken Unterschiede in den Bevölkerungszahlen kleiner und großer Mitgliedsstaaten Rücksicht nimmt.[10]

Vor allem zehrt jedoch Streecks Furcht vor einer repressiven Zentralisierung der Zuständigkeiten von der falschen Annahme, dass die institutionelle Vertiefung der Europäischen Union auf eine Art europäische Bundesrepublik hinauslaufen muss. Der Bundesstaat ist das falsche Modell. Denn die Bedingungen demokratischer Legitimation erfüllt auch ein supranationales, aber *überstaatliches* demokratisches Gemeinwesen, das ein *gemeinsames Regieren* erlaubt. Darin werden alle politischen Entscheidungen von den Bürgern *in ihrer doppelten Rolle* als europäische Bürger einerseits und als Bürger ihres jeweiligen nationalen Mitgliedsstaates andererseits legitimiert.[11] In einer solchen, von einem »Superstaat« klar zu unterscheidenden Politischen Union würden die Mitgliedsstaaten als Garanten des in ihnen verkörperten Niveaus von Recht und Freiheit eine, im Vergleich zu den subnationalen Gliedern eines Bundesstaates, sehr starke Stellung behalten.

---

10 Über die Details muss man vielleicht noch einmal nachdenken, aber trotz der Bedenken des Bundesverfassungsgerichts ist die Tendenz richtig.
11 Ich habe diese Idee einer verfassunggebenden Souveränität, die zwischen Bürgern und Staaten »ursprünglich«, d. h. schon im verfassunggebenden Prozess selbst, geteilt ist, entwickelt in: »Die Krise der Europäischen Union im Lichte einer Konstitutionalisierung des Völkerrechts. Ein Essay zur Verfassung Europas«, in: Jürgen Habermas, *Zur Verfassung Europas. Ein Essay*, Berlin: Suhrkamp 2011, S. 39-96; vgl. dazu auch den Aufsatz »Stichworte zu einer Diskurstheorie des Rechts und des demokratischen Rechtsstaates« in diesem Band.

Was nun?

Für eine gut begründete politische Alternative spricht, solange sie abstrakt bleibt, freilich nur ihre perspektivenbildende Kraft – sie zeigt ein politisches Ziel, aber nicht den Weg von hier nach dort. Die offensichtlichen Hindernisse auf diesem Wege stützen eine pessimistische Einschätzung der Überlebensfähigkeit des europäischen Projektes. Es ist die Kombination von zwei Tatsachen, die die Verfechter von »Mehr Europa« beunruhigen muss.

Einerseits zielt die Konsolidierungspolitik (nach dem Muster der »Schuldenbremsen«) auf die Einrichtung einer europäischen, »gleiche Regeln für alle« etablierenden Wirtschaftsverfassung, die der demokratischen Willensbildung entzogen bleiben soll. Indem sie auf diese Weise technokratische Weichenstellungen, die für die europäischen Bürger insgesamt folgenreich sind, von der Meinungs- und Willensbildung in den nationalen Öffentlichkeiten und Parlamenten entkoppelt, entwertet sie die politischen Ressourcen dieser Bürger, die allein zu ihren nationalen Arenen Zugang haben. Dadurch macht sich die Europapolitik immer unangreifbarer. Diese Tendenz zur Selbstimmunisierung wird andererseits durch den fatalen Umstand verstärkt, dass die aufrechterhaltene Fiktion von der fiskalischen Souveränität der Mitgliedsstaaten die öffentliche Wahrnehmung der Krise in eine falsche Richtung lenkt. Der Druck der Finanzmärkte auf die politisch fragmentierten Staatshaushalte fördert eine kollektivierende Selbstwahrnehmung der von der Krise betroffenen Bevölkerungen – die Krise hetzt die »Geber-« und »Nehmerländer« gegeneinander auf und schürt den Nationalismus.

Wolfgang Streeck macht auf dieses demagogische Potenzial aufmerksam: »In der Rhetorik der internationalen Schuldenpolitik erscheinen monistisch konzipierte Nationen als ganzheitliche moralische Akteure mit gemeinschaftlicher Haftung. Interne Klassen- und Herrschaftsverhältnisse bleiben außer Acht.«

(S. 134) So verstärken sich eine Krisenpolitik, die sich mit Verfassungsrang ausstattet und dadurch gegen kritische Stimmen immunisiert, und die in nationalen Öffentlichkeiten verzerrte reziproke Wahrnehmung der »Völker« gegenseitig.

Diese Blockade kann nur durchbrochen werden, wenn sich proeuropäische Parteien länderübergreifend zu Kampagnen gegen diese Umfälschung von sozialen in nationale Fragen zusammenfinden. Die Aussage, »[i]m Westeuropa von heute ist nicht mehr der Nationalismus die größte Gefahr, schon gar nicht der deutsche« (S. 256), halte ich für politisch töricht. Nur mit der Furcht der demokratischen Parteien vor dem Rechtspotenzial kann ich mir den Umstand erklären, dass in allen unseren nationalen Öffentlichkeiten Meinungskämpfe fehlen, die sich an der richtig gestellten politischen Alternative entzünden. Klärend und nicht nur aufwiegelnd sind polarisierende Auseinandersetzungen über den Kurs in Kerneuropa nur dann, wenn sich alle Seiten eingestehen, dass es weder risikolose noch kostenlose Alternativen gibt.[12] Statt falsche Fronten entlang nationaler Grenzen aufzumachen, wäre es Aufgabe von politischen Parteien und Gewerkschaften, Verlierer und Gewinner der Krisenbewältigung nach sozialen Gruppen zu unterscheiden, die *unabhängig von ihrer Nationalität* jeweils mehr oder weniger belastet werden.

Die europäischen Linksparteien sind dabei, ihren historischen Fehler aus dem Jahr 1914 zu wiederholen. Auch sie knicken aus Furcht vor der rechtspopulistisch anfälligen Mitte der Ge-

---

[12] Zu den »billigen« Alternativen gehört beispielsweise die in diesen Tagen von George Soros aufgewärmte – und, für sich genommen, keineswegs falsche – Empfehlung, Euro-Bonds einzuführen, die mit dem wiederum richtigen, in Nordländern beliebten Argument abgelehnt wird, »dass Euro-Bonds im derzeitigen politischen System ein Legitimationsproblem haben: Denn dann würde Steuerzahlergeld ohne Mitspracherecht der Wähler eingesetzt werden.« (Andrea Rexer, »Die Schuld für die Schulden. George Soros zur Euro-Krise«, in: *Süddeutsche Zeitung* [11. April 2013], online verfügbar unter: ⟨http://www.sueddeutsche.de/wirtschaft/george-soros-zur-euro-krise-die-schuld-fuer-die-schulden-1.1645930⟩ [Stand: April 2013]) S. 1) Mit diesem Patt wird die Alternative einer Herstellung der Legitimationsgrundlage für einen Politikwechsel, der Euro-Bonds einschließen würde, blockiert.

sellschaft ein. In der Bundesrepublik bestärkt außerdem eine unsäglich merkelfromme Medienlandschaft alle Beteiligten darin, das heiße Eisen der Europapolitik im Wahlkampf nicht anzufassen und Merkels clever-böses Spiel der Dethematisierung mitzuspielen. Daher ist der »Alternative für Deutschland« Erfolg zu wünschen. Ich hoffe, dass es ihr gelingt, die anderen Parteien zu nötigen, ihre europapolitischen Tarnkappen abzustreifen. Dann könnte sich nach der Bundestagswahl die Chance ergeben, dass sich für den fälligen ersten Schritt eine »ganz große« Koalition abzeichnet. Denn nach Lage der Dinge ist es allein die Bundesrepublik Deutschland, die die Initiative zu einem solch schwierigen Unternehmen ergreifen könnte.

IV.
Momentaufnahmen

10.

Rationalität aus Leidenschaft
Ralf Dahrendorf zum 80. Geburtstag[1]

Ich verspüre an diesem Ort eine ganz ungewohnte patriotische Regung und möchte meine englischen Kollegen daran erinnern, dass es für Ralf Dahrendorf ein Leben *vor* dem Leben in London und Oxford gegeben hat – und dass sein Doppelleben in der deutschen Parallelwelt bis heute ein starkes Echo findet. Dahrendorf hat Deutschland als Intellektueller und Zeitdiagnostiker, als wissenschaftlicher Autor und geistesgegenwärtiger Publizist nie verlassen. Erst als aus dem Soziologieprofessor ein Lord wurde, haben wir zur Notiz nehmen müssen, dass er, der ja ohnehin in der übrigen Welt anhaltend präsent ist, in England vielleicht einer Nebenbeschäftigung nachgeht.
Ralf Dahrendorf ist auch nicht erst in der angelsächsischen Welt zum Star geworden. Er war es schon bei unserer ersten Begegnung vor 54 Jahren. Helmut Schelsky hatte 1955 den soziologischen Nachwuchs nach Hamburg eingeladen. Ich war nur als Journalist zugegen, der für die *Frankfurter Allgemeine Zeitung* über den öffentlichen Auftritt der jungen Garde berichten sollte. Viele der später bekannt gewordenen Soziologen unserer Generation waren versammelt. In diesem, aus der Retrospektive auf die alte Bundesrepublik erlauchten Kreis stellte ein Privatdozent aus Saarbrücken alle anderen in den Schatten. Dieser konstruktive Geist, der lieber mit idealtypischen Stilisierungen Klarheit schafft als mit hermeneutischer Kunst jongliert, fiel durch seine wuchtige Eloquenz ebenso auf wie durch ein kom-

---

[1] Eröffnungsrede anlässlich eines Kolloquiums mit dem Titel »On Liberty. The Dahrendorf Questions«, das das St Antony's College der Universität Oxford am 1. Mai 2009, also wenige Wochen vor Dahrendorfs Tod, zu Ehren seines ehemaligen Rektors ausrichtete.

promissloses, Autorität beanspruchendes Auftreten und die etwas kantige Art seines Vortrags. Was Dahrendorf aus diesem Kreis heraushob, war das avantgardistische Selbstbewusstsein, mit alten Hüten aufzuräumen.

Der Vorsprung auf der Karriereleiter war imponierend genug. Der damals 26-Jährige war schon beinahe habilitiert, nachdem er zunächst als Philosoph und Altphilologe eine Dissertation über Marx abgeschlossen und dann an der London School of Economics im Fach Soziologie den für uns damals exotischen Grad eines PhD erworben hatte. Alsbald sollte er als jüngster Ordinarius nach Tübingen berufen werden. Was ihm den größten Respekt seiner Altersgenossen sicherte, war aber sein fachliches Wissen, die Vertrautheit mit der angelsächsischen Diskussion und das Bewusstsein, mit einer konflikttheoretisch zugespitzten Kritik an Talcott Parsons, der damals die internationale Szene beherrschte, an der Forschungsfront zu sein – während uns Hinterbänklern die Lektüre von Parsons selbst noch bevorstand.

Die Stoßrichtung der Kritik war klar. Soziale Konflikte, die letztlich immer in Herrschaftsbeziehungen begründet sind, treiben die gesellschaftliche Dynamik an; sie sind etwas Wünschenswertes und müssen nicht *gelöst*, sondern institutionalisiert und in ziviler Form *ausgetragen* werden. Seinen gleichaltrigen Kollegen hat Ralf Dahrendorf in den fünfziger und frühen sechziger Jahren das Niveau der wissenschaftlichen Diskussion vorgegeben. Ohne ihn hätte es keine Debatte über die Rollentheorie, ohne seine Initiative hätte es auch keinen Positivismusstreit gegeben. Seine ersten Bücher *Soziale Klassen und Klassenkonflikt in der industriellen Gesellschaft* (1957), *Homo Sociologicus* (1959) und *Gesellschaft und Freiheit* (1961) sind inzwischen zu Klassikern geworden. Sie entfalten bereits die beiden Thesen, die den hartnäckig verfolgten und originellen Denkweg dieses entschiedenen Liberalen prägen sollten.

Die erste These wendet Kant und Max Weber gegen Rousseau, wobei aber Marx die Zielscheibe ist: Soziale Ungleichheiten erklären sich nicht primär aus der ungleichen Verteilung des Eigentums, sondern aus der Notwendigkeit, normgemäßes Sozialverhalten durch Sanktionen zu erzwingen. Sie sind die Nebenfolge einer Herrschaftsstruktur, die jeder Gesellschaft als solcher inhärent ist. Die zweite These richtet sich gegen die klassische Sozialdemokratie und rechtfertigt den Marktverkehr als zentralen Mechanismus der Freiheit: Die rechtliche Gleichheit des staatsbürgerlichen Status muss in erster Linie als Gleichheit der Chancen und nicht als eine der Teilhabe verstanden werden; die Freiheit der privaten Selbstverwirklichung ist im Konfliktfall wichtiger als die Bürde sozialer Ungleichheit. Allerdings wird Durkheim nicht ganz vergessen: Wenn die soziale Welt auf die vielfältigen *opportunities* zusammenschrumpft, zwischen denen wir mehr oder weniger rational wählen können, reißt das soziale Band.

Mir ging damals der antiutopische Zug eines wie auch immer demokratisch-egalitär verankerten Marktliberalismus gegen den Strich. Aber dann hat mich doch wieder der aufklärerische Impuls des leidenschaftlich engagierten Wissenschaftlers und Volkspädagogen mitgerissen. Der redete seinen Landsleuten dahin gehend ins Gewissen, dass deutsche Fragen meist nationale und soziale Fragen gewesen sind – und nicht die liberalen und demokratischen Fragen der freiheitsliebenden Völker. Der Linksliberale hat auch mit dem ambivalenten Erbe des deutschen Nationalliberalismus aufgeräumt. 1965 erscheint das Werk *Gesellschaft und Demokratie in Deutschland* – wahrscheinlich der wichtigste mentalitätsbildende Traktat auf dem langen Weg der Bundesrepublik zu sich selbst, zu einer Demokratie, die sich erst im Verlaufe von drei bis vier Jahrzehnten von den Schlacken autoritärer Mentalitäten gelöst hat.

Für Dahrendorf ist Soziologie stets Gesellschaftstheorie geblieben; er braucht sein professionelles Wissen als Instrument für immer wieder aktualisierte Zeitdiagnosen inmitten des beschleunigten Komplexitätswachstums einer ruhelosen Moderne. Die Soziologie hatte die Aufgabe, »ihre Zeit in Gedanken zu erfassen«, von der Philosophie geerbt. Inzwischen hat freilich die Profession dieses Selbstverständnis der Klassiker wieder weitgehend aufgegeben. Deshalb bedarf das Festhalten an der Orientierungs- und Selbstverständigungsfunktion des Faches einer Erklärung. Dahrendorf betreibt auch das akademische Geschäft als *Homo politicus*. Er lebt, denkt und schreibt aus der Erfahrung einer deutschen Generation, die sich dadurch definiert, dass sie zu der Epochenschwelle von 1945 nicht nicht Stellung nehmen konnte.

Dafür ist sein jüngstes Buch *Versuchungen der Unfreiheit* (2006) aufschlussreich. Darin entwickelt Dahrendorf an Beispielen postheroischer Heldenfiguren, die er im Schatten des großen Renaissance-Geistes Erasmus versammelt, eine Art politische Tugendethik. Ob die Auswahl dieser Galerie von liberalen Geistern des 20. Jahrhunderts durchweg einleuchtend, die Liste der Kardinaltugenden dieser unbestechlichen, aber engagierten Beobachter ihres Zeitgeschehens durchweg überzeugend ist, mag dahinstehen. Interessant ist jedenfalls die Art und Weise, wie Dahrendorf seine Ethik im Gegenlicht der Intellektuellen entwickelt, die nach seinen Maßstäben versagt haben. Er skizziert die Geschichte der zum Liberalismus gegenläufigen politischen Mentalitäten einer bestimmten, zwischen 1900 und 1910 geborenen Generation. Dafür bietet ihm Ernst Glaesers berühmter Roman *Jahrgang 1902* die Vorlage. Der Held dieses Romans steht für jene »Generation der Unbedingten«, aus der sich während der zwanziger und dreißiger Jahre die entschlossenen und einsatzbereiten Parteigänger der großen politischen Bewegungen rekrutierten. Der Roman liefert das militante Gegenstück zu Dahrendorfs Ikonen, zu den Arons, Poppers und Berlins, die sich anders als viele ihrer Generationsgenossen aus den totalitären Bewegungen der Linken und der Rechten herausgehalten haben. Dahrendorfs Darstellung lässt an dem Vorbildcharakter ihrer Haltung keinen Zweifel: Es ist die Liebe zur Freiheit, die diese Intellektuellen gegen die Versuchungen des totalitären Jahrhunderts immunisiert hat.

Auffällig ist ein Umstand, der mehr über den Autor selbst verrät als über das, was er seinen Lesern explizit sagen will. In welche Richtung der Jahrgang 1902 auch immer marschiert oder nicht marschiert ist, in einer Hinsicht wächst er unter ähnlichen historischen Umständen auf wie Dahrendorfs eigener Jahrgang 1929. Die Angehörigen dieser Jahrgänge sind zu Beginn des Ersten bzw. des Zweiten Weltkrieges elf oder zwölf bzw. neun oder zehn, am Ende 15 oder 16 Jahre alt. Es sind nicht die polarisierenden Stellungnahmen zu den zeitgeschichtlichen Ereignissen, es ist vielmehr der provokative, zur Stellungnahme herausfordernde Charakter der Ereignisse selbst, der die Kohorten dieser Jahrgänge jeweils zu einer Generation zusammengeschmiedet hat. Ralf Dahrendorf belässt die eigene, die »unversuchte« Generation der Begünstigten im Hintergrund. Aber auch ohne den ausdrücklichen Vergleich haben wohl die Parallelen und vor allem die offensichtlichen Unterschiede seinen Blick auf jene frühere Generation von Intellektuellen, die sich bewähren mussten *und versagen konnten*, gelenkt.

Die totalitäre Versuchung ist der nachgeborenen Generation erspart geblieben. Dieser Umstand konnte gewiss dazu verführen, vergangene Konstellationen anstrengungslos nachzuspielen und sich kostenlos mit der moralisch überlegenen Seite zu identifizieren. Aber Ralf Dahrendorf ist auch in dieser Hinsicht ein exzeptioneller Fall. Politisch hat er sich schon mit 15 Jahren, als andere noch im privaten Mustopf ihrer Pubertätsprobleme steckten, so weit exponiert, dass ihn die Gestapo verhaftete. Ein Zweifel an nachgeholter Radikalität kann ihn nicht plagen. Wenn bei ihm dennoch ein Hauch von Bedauern über das Unheroische unserer eigenen Lebenszeit, ja sogar über das winzige Quäntchen Quietismus in den Lebensgeschichten seiner bewunderten Erasmusgestalten durchklingt, kann das seinen Grund allein in dem ungeduldigen Temperament und dem leidenschaftlichen Engagement eines bei aller Rationalität kämpferischen Intellektuellen haben. Würde er je aus vollem Herzen das Land preisen können, das keine Helden nötig hat?

II.

Bohrungen an der Quelle des objektiven Geistes
Hegel-Preis für Michael Tomasello[1]

Der Hegel-Preis ist nicht nur für Philosophen bestimmt, die das Fach Philosophie vertreten. Der erste Preisträger sollte Heidegger sein; als das scheiterte, wählte man Bruno Snell, den Altphilologen. Und so folgte auf Hans-Georg Gadamer ein Linguist, Roman Jakobson, auf Paul Ricœur ein Soziologe, Niklas Luhmann, auf Donald Davidson ein Historiker, Jacques Le Goff usw. Diese schöne Reihenfolge wird heute zum ersten Mal durchbrochen. Statt des Philosophen, der nach dem Soziologen Sennett an der Reihe gewesen wäre, zeichnen wir einen Psychologen aus. Als Primatenforscher und Entwicklungspsychologe, der naturwissenschaftlich arbeitet, sprengt dieser sogar die bisher eingehaltenen Grenzen der geistes- und sozialwissenschaftlichen Fächer.

Ich kenne die Gründe nicht, die die Jury dazu bewogen haben mögen, das Wechselspiel der Disziplinen zu durchbrechen. Objektiv betrachtet, sind es aber nicht nur der intellektuelle Rang und die weltweite Reputation des Preisträgers, die diese Entscheidung rechtfertigen. Das geistige Profil von Michael Tomasello ist Erklärung genug: Er *ist* nämlich ein Philosoph, nicht zwar dem Fache nach, aber in der Art der Fragestellung und im Duktus seines Denkens. Für ein philosophisches Temperament spricht schon der Umstand, dass er in den Dank für Anregungen zu seiner ersten großen Monographie alle jene Klassiker einbezieht, »die durch die vergangenen 2500 Jahre hindurch über die Grundrätsel menschlichen Erkennens nachgedacht ha-

---

1 Die Verleihung fand am 16. Dezember 2009 in Stuttgart statt.

ben«. Gemeint sind also Platon und die Fußnoten zu Platon. Allerdings möchte ich Michael Tomasello mit einem Lob, das bei seinen engeren Fachkollegen ein zwiespältiges Echo auslösen könnte, nicht in Verlegenheit bringen. Deshalb beeile ich mich hinzuzufügen, dass sein Literaturverzeichnis allein aus den letzten zehn Jahren an die 300 Aufsätze enthält – hoch spezialisierte Arbeiten in führenden Fachzeitschriften mit der üblichen Kollektivautorenschaft.

Für den Betrieb der institutionalisierten Forschung weniger typisch sind allerdings die zwei großen, in mehrere Sprachen übersetzten Monographien, die den lupenreinen Fluss der Aufsatztitel unterbrechen. Das Buchformat verrät die konstruktive Anstrengung einer theoretischen Zusammenschau der erforschten Details. Für Geisteswissenschaftler ist es beruhigend zu sehen, dass auch in den Naturwissenschaften theoriekonstruktive Leistungen offenbar immer noch durch die synthetische Energie eines einzelnen Kopfes und durch die Darstellungskraft eines einzelnen Autors hindurchgehen müssen. Aus meiner Sicht steht Michael Tomasello in einer Reihe und auf gleicher Augenhöhe mit seinen großen Vorgängern George Herbert Mead, Jean Piaget und Lev Vygotsky. Sie alle haben einen genuin philosophischen Gedanken wie einen Sprengsatz in eine spezielle Forschungssituation eingeführt. Sie behandeln Fragen, die den Menschen als solchen betreffen. Im Falle von Tomasello ist es die philosophische Frage nach der Entstehung der sozialen Verfassung des menschlichen Geistes. Und die experimentell gestützte Antwort lautet: Sie hat ihren Ursprung in der triadischen Beziehung *zwischen* zwei Akteuren, die sich, indem sie ihre Handlungen kommunikativ aufeinander abstimmen, gemeinsam *auf etwas* in der Welt beziehen. Solche Fragen lassen sich mit den analytischen Mitteln der Philosophie begrifflich entfalten, aber die Antworten sind auf eine empirische Klärung angewiesen.

Die Gelegenheit einer Hegel-Preis-Verleihung rechtfertigt den Blick auf die philosophische Nachbarschaft von Tomasellos Arbeiten. Die Frage, was den Menschen vom Tier, den *Homo sapiens* von den übrigen Primaten unterscheidet, stellt sich nicht in der Absicht einer polemischen Abgrenzung des Höheren vom Niederen. Es geht um die evolutionäre Erklärung soziokultureller Lebensformen. Während sich der amerikanische Pragmatismus die naturgeschichtliche Entstehung von Kultur in hegelschen Begriffen zurechtgelegt hatte, wollte die deutsche philosophische Anthropologie eher Kant mit Darwin versöhnen. Aber auf beiden Traditionslinien ist eine fruchtbare Kommunikation mit den einschlägigen naturwissenschaftlichen Disziplinen spätestens seit der Mitte des vergangenen Jahrhunderts abgebrochen. Einer der Gründe war die Durchsetzung reduktionistischer Forschungsstrategien sowohl in den Biowissenschaften wie aufseiten jener philosophischen Ansätze, die sich heute als Teil der Kognitionswissenschaften begreifen.

Mit den innovativen Forschungen des Preisträgers könnte sich diese Konstellation ändern. Sein Werk verfolgt philosophische Fragestellungen auf empirische, aber nicht reduktionistische Weise. Am Anfang steht die Frage des anthropologisch interessierten Entwicklungspsychologen, was Erkenntnisse über die Ontogenese des Kindes zur Aufklärung der phylogenetischen Rätsel der Menschwerdung beitragen können – Rätsel, die im archäologischen Dunkel der letzten 500.000 bis 600.000 Jahre verborgen sind. Im Vergleich zum langen Atem der natürlichen Evolution vollzieht sich die kulturelle Entwicklung in schnellem und immer schnellerem Tempo. Einem heute 80-jährigen Zeitgenossen, der sich an die sozialen Lebensumstände und technischen Hilfsmittel seiner Großeltern erinnert und den Versuch macht, die Alltagswelt seiner heranwachsenden Enkel zu antizipieren, muss angesichts der exponentiell beschleunigten Entwicklungen schwindlig werden.

Menschen verfügen über einen kulturellen Mechanismus, der anderen Tierarten fehlt – das in Symbolsystemen abgelagerte, insofern externalisierte Gedächtnis von Traditionen, welches das kollektiv Erlernte und Erfundene nachfolgenden Generationen zugänglich macht. Die beschleunigten Lernprozesse erklären sich aus kumulativen Effekten, die bei der im Lichte neuer Erfahrungen fälligen Revision des gespeicherten kulturellen Wissens entstehen. Auch Schimpansen verwenden einfache Werkzeuge; aber nur bei den Hominiden beobachten wir deren kontinuierliche Verbesserung, beispielsweise den technischen Fortschritt von den Geröllgeräten der Oldowan-Kultur zu den raffinierteren altsteinzeitlichen Faustkeilen. Was den Menschen vom Affen trennt, ist eine Art von Kommunikation, die sowohl die intersubjektive *Bündelung* wie die generationenübergreifende *Weitergabe* und erneute Bearbeitung kognitiver Ressourcen möglich macht.

Dieses Phänomen hat die Aufmerksamkeit von Michael Tomasello, der die Ontogenese als Schlüssel für die Phylogenese benutzt, auf Anfänge des Lehrens und Lernens gelenkt. Er konzentriert sich nicht länger auf das einzelne erkennende Subjekt, das im Umgang mit seiner natürlichen Umgebung aus Erfahrungen lernt, sondern auf Situationen, in denen Mütter ihre Kinder auf Objekte hinweisen, um ihnen etwas beizubringen. Ungefähr einjährige Kinder folgen bereits in diesem vorsprachlichen Alter der Zeigegeste von Bezugspersonen und benutzen selber den Zeigefinger, um mit anderen ihre Wahrnehmungen zu teilen. Darin entdeckt Tomasello eine komplexe Beziehung, für die es bei Schimpansen keine Entsprechung gibt. Auf der horizontalen Ebene übernimmt der eine die Wahrnehmungsperspektive des anderen, so dass eine *soziale Perspektive* entsteht, aus der die Beteiligten gleichzeitig in vertikaler Richtung ihre Aufmerksamkeit auf das angezeigte Objekt richten; auf diese Weise gewinnen sie von dem gemeinsam identifizierten und wahrgenommenen Objekt ein *geteiltes* Wissen.

Demgegenüber können Schimpansen aus den Schranken ihrer selbstbezogenen, von jeweils eigenen Interessen gesteuerten Sicht nicht ausbrechen. Sie sind zwar außergewöhnlich intelligent und können intentional handeln, die Intentionen eines Artgenossen verstehen und die räumlich Differenz ihrer Standorte richtig einschätzen, sogar praktische Schlüsse ziehen, aber sie können keine *interpersonale* Beziehung mit dem Anderen aufnehmen. Sie können sich nicht zum Anderen wie eine erste zu einer zweiten Person, wie ein Ich zu einem Du verhalten. Die Kognition befreit sich erst aus den Fängen einer *selbstbezogenen* Intentionalität, wenn sie sich mit einer Kommunikation über Zeigegesten und nachahmende Gebärden verbindet, die sich aus der genetischen Fixierung gelöst und semantische Bedeutungen angenommen haben. Der entscheidende sozialkognitive Schub besteht im Erwerb der Fähigkeit, sich auf einen Anderen kommunikativ so einzustellen, dass beide durch die gestische Bezugnahme auf und Nachahmung von etwas in der objektiven Welt ein gemeinsames Wissen ausbilden und kooperativ dieselben Ziele verfolgen können.

Für die Phylogenese bedeutet das eine neue und evolutionär vorteilhafte Form der Zusammenarbeit und des kooperativen Lernens, wobei das gemeinsame Wissen symbolisch gespeichert und reflexiv bearbeitet werden kann. Hegelisch gesprochen, bohrt Michael Tomasello mit seinen geistreich variierten Versuchsanordnungen an der Quelle des objektiven Geistes. Der systematische Vergleich von Kindern und Schimpansen wirft jedenfalls Licht auf jenen Abschnitt der Evolution, während dessen sich das subjektiv befangene Bewusstsein der Hominiden aus der Vereinzelung gelöst und in der kooperativen Bewältigung einer überraschenden Umwelt auf gemeinsame Intentionen umgestellt hat. Im Zuge des Aufbaus eines intersubjektiv geteilten Hintergrundwissens spinnt der vergesellschaftete Geist, von den einfachsten Gesten ausgehend, nach und nach symbolisch verkörperte Sinnzusammenhänge aus sich heraus. Tomasello operiert gewissermaßen am Ursprungsort der Werkzeugherstellung, der symbolischen Kommunikation und der gesellschaftlichen Normierung von Handlungen. Diese drei menschlichen Monopole erinnern nicht zufällig an die *Jenaer Systementwürfe* zur Philosophie des Geistes; darin hatte Hegel mit der mentalistischen Vorstellung einer selbstreferenziell geschlossenen, gegen die Umwelt sich abgrenzenden Subjektivität abgerechnet.

Hegels Mentalismuskritik hatte schon den Weg zu der Alternative gebahnt, die Michael Tomasello zum heute vorherrschenden kognitionswissenschaftlichen Paradigma entwickelt. In den Jenaer Vorlesungen hatte Hegel die »Medien« von Werkzeug, Sprache und Familie ins Spiel gebracht, um das falsche Bild einer Kluft zurückzuweisen, die das erkennende, seinen Objekten fremd und egozentrisch *gegenüberstehende* Subjekt angeblich erst *überbrücken* müsse. Hegel entwirft stattdessen das sozialpragmatische Bild von einem subjektiven Geist, der sich auf den symbolisch vorgebahnten Wegen zur Realität bereits vorfindet. Unser Geist bewegt sich immer schon in Funktionszusammenhängen, die in Werkzeugen objektive Gestalt angenommen haben, immer schon im Horizont eines sprachlich artikulierten Hintergrundwissens und im eingewöhnten sozialen Netzwerk gemeinsamer Praktiken. Vorgeprägt durch diesen objektiven Geist eines kulturellen Milieus, befindet sich der erkennende Geist *von vornherein* bei seinem Anderen. Dieses »Sein beim Anderen« meint den kognitiven Vorschuss symbolisch verkörperter Sinnzusammenhänge, von denen die *jeweils aktuellen* Wahrnehmungen, Urteile, Äußerungen und Handlungen zehren.

Michael Tomasello hat mit seinem Werk über *Die kulturelle Entwicklung des menschlichen Denkens* für seine Forschungen am Leipziger Max-Planck-Institut für evolutionäre Anthropologie die Weichen gestellt. Daraus ist das bahnbrechende Opus über *Die Ursprünge der menschlichen Kommunikation* hervorgegangen. Tomasello versucht hier, die evolutionäre Erklärungslücke zu schließen, die zwischen der ersten gemeinsamen Intention und der entwickelten Welt des objektiven Geistes noch bestand. Die erste gestenvermittelte gemeinsame Wahrnehmung, in der Kognition und öffentliche Kommunikation zusammenschießen, bildet den einen Pol; eine ausgebildete soziokulturelle Lebensform, in der sich die vergesellschafteten Subjekte immer schon vorfinden, den anderen. Zwischen beiden Polen liegt die lange Strecke der Evolution einer Sprache, deren hohe grammatische Komplexität nicht vom Himmel gefallen sein kann. Schon das vorsprachliche Kind geht eine *triadische* Beziehung ein, wenn es in der Kommunikation mit einem Anderen lernt, dasselbe Objekt aus einer Wir-Perspektive wahrzunehmen. Diese Triade ist ein Fingerzeig darauf, dass sich die Intentionalität des menschlichen Bewusstseins *gleichzeitig* auf der sozialen Achse einer reziproken Beziehung zueinander und im gemeinsamen Bezug zu etwas in einer unabhängig existierenden Welt ausdifferenziert.

Schon Husserl hat auf begriffsanalytischem Wege gezeigt, dass sich für uns die Objektivität der Welt und die Intersubjektivität der Lebenswelt gleichzeitig ausbilden. Aber in der fünften *Cartesianischen Meditation* ist es ihm nicht gelungen, die Entstehung dieser Interdependenz von Weltbezug und sozialer Verschränkung der Teilnehmerperspektiven schlüssig aus den Leistungen eines transzendentalen Ur-Ichs zu erklären. Michael Tomasello liefert mit dem Vergleich der problemlösenden Kooperation von Kindern und Schimpansen nun die empirischen Anhaltspunkte dafür, wie sich aus der kooperativen Verwendung einer Kombination aus Zeigegesten und nachahmenden Gebärden die menschliche Form der Kommunikation und damit ein naturgeschichtlich neuer Modus der Vergesellschaftung entwickelt haben könnte. Der sozialpragmatische Ansatz erklärt die Entstehung der Sprache funktional aus der Lösung jener allgemeinen Kommunikationsaufgaben, die sich mit der Notwendigkeit, in kooperierenden Gruppen die Handlungen der verschiedenen Teilnehmer zweckmäßig zu koordinieren, stellen. Nach dieser Lesart ist die evolutionär vorteilhafte gestenvermittelte Kooperation der Geburtsort für semantische Konventionen. Erst im Zuge ihrer grammatischen Verknüpfung kommt es sukzessiv zu den beiden entscheidenden Differenzierungen, die unsere Sprachen auszeichnen – zur Herausbildung der aus Referenz und Beschreibung zusammengesetzten Struk-

tur von Aussagen sowie zur Unterscheidung zwischen diesen propositionalen Bestandteilen und dem Sinn ihrer pragmatischen Verwendung.
Meine Damen und Herren, der flüchtig gezeichnete Umriss einer faszinierenden und unerhört anregenden Theorie muss genügen, um Sie davon zu überzeugen, dass wir in dem herausragenden Anthropologen, Entwicklungspsychologen und Sprachforscher Michael Tomasello auch den wahren Philosophen erkennen können. Dieses Lob mag in den Ohren eines hoch professionalisierten Wissenschaftlers merkwürdig klingen. Heute muss er es sich gefallen lassen.

12.

»Wie konnte es dazu kommen?«
Eine Antwort
von Jan Philipp Reemtsma[1]

Die heutige Gelegenheit weckt eine ambivalente Erinnerung an den ersten Kontakt mit dem Preisträger im Jahre 1982. Er hatte mir wegen der Gründung eines Instituts für Sozialforschung geschrieben; als jemand, der soeben von der Leitung eines Max-Planck-Instituts zurückgetreten war, habe ich damals den jungen Kollegen, der durch sein Interesse für Arno Schmidt bekannt geworden war, zu diesem Projekt *nicht* ermutigt. Heute kann der eigensinnige Gründer auf mehr als ein Vierteljahrhundert erfolgreicher Institutsarbeit mit der nüchternen Feststellung zurückblicken:

»Im Institut wurden in den vergangenen Jahren knapp 100 Forschungsprojekte abgeschlossen und zahlreiche Stipendien vergeben. Das Archiv umfasst eine Fläche von 1500 Regalmetern, in der Bibliothek finden sich rund 40.000 Medieneinheiten und 260 Zeitschriftenabonnements. Das Institut hat etwa 120 Tagungen, 350 Vorträge und 150 Buchpräsentationen, große und kleine Ausstellungen organisiert und durchgeführt.«[2]

Der Bestimmung des Preises kann ich nicht entnehmen, in welcher Eigenschaft Jan Philipp Reemtsma heute Abend geehrt

---

[1] Laudatio aus Anlass der Verleihung des Preises für Verständigung und Toleranz an Jan Philipp Reemtsma im Jüdischen Museum Berlin am 13. November 2010.
[2] Hamburger Institut für Sozialforschung (Hg.), *Projekte, Veranstaltungen, Veröffentlichungen 2008-2011*, S. 12; die weiteren Zitate stammen aus Jan Philipp Reemtsma, *Wie hätte ich mich verhalten?*, München: Beck 2001.

werden soll. In der Öffentlichkeit erscheint er nicht nur als Institutsdirektor, auch nicht nur als nachdenklicher Mäzen. Die Prominenz seines unverwechselbaren Profils verdankt sich mehr noch den Leistungen eines analytischen Liebhabers der Literatur, eines Schriftstellers und eines politischen Intellektuellen.

Die thematische Linie der gelehrten und engagierten Arbeiten des *Germanisten* führt von Wieland, Lessing und Kleist bis zu Arno Schmidt und Robert Gernhardt. Darin zeigt sich der Impuls zur Rettung von Motiven der Aufklärung. Das Temperament des *Schriftstellers* prägt nicht nur die literarischen Versuche, sondern den Stil des großen Essayisten und eines Vortragenden, der auf Rhetorik verzichten kann. Die breiteste Wirkung hat Jan Philipp Reemtsma schließlich in der Rolle eines *Intellektuellen* erzielt. Er hat sich exponiert, aber fern jeder Selbstdarstellung hat der Habitus der eher zurückhaltenden Person den ebenso beharrlichen wie klaren Interventionen Glaubwürdigkeit verliehen. Auf die obligate Frage des Interviewers nach der Rolle des Intellektuellen hat Reemtsma trocken geantwortet: »Leute, die das soziale Privileg haben, ihr Geld mit Denken verdienen zu können, sollen das gefälligst gut und genau tun.«

Jede dieser fünf souverän ausgeübten Rollen würde eine eigene Laudatio erfordern – das bleibt dem Preisträger, der in diesem Genre selbst ein Meister ist, glücklicherweise erspart. An diesem Ort, im Jüdischen Museum, muss aber von dem einen Motiv die Rede sein, welches das Denken und Schreiben von Jan Philipp Reemtsma nicht loslässt und das noch in den thematisch weit entfernten Texten feine Spuren hinterlässt. Das Motiv ist die Verstörung von uns Nachkommen, die wir in dem Land, in der Kultur, in der Gesellschaft und den Familienzusammenhängen aufgewachsen sind, worin Auschwitz, worin die Ermordung der europäischen Juden möglich geworden ist. Jan Philipp Reemtsma kommt immer wieder auf die naive Frage zurück, die sich vor aller Theorie und Wissenschaft, vor allem Streit

um die Intentionen der Führung und die Eigendynamik gesellschaftlicher Prozesse den Nachkommen auf eine peinigende Weise stellt: auf die Frage, wie das ganz normale Leben hatte weitergehen können, während ganz normale Männer und Frauen »das« haben tun können.
Diese Perspektive sollte nicht den Verdacht des Egozentrismus wecken, der die vorrangige Empathie mit den Opfern verdrängt. Denn für uns Deutsche ist das ein askriptiver, kein frei gewählter Blickwinkel – jedenfalls für die beiden Generationen, denen Reemtsma und ich selbst angehören. Dass Mitglieder eines politischen Gemeinwesens noch über Generationen hinweg füreinander *haften*, weil sie in denselben Traditionen stehen und über Fäden der Sozialisation miteinander verbunden sind, ist ein ziemlich sperriger Gedanke – ein Gedanke, den schon Jaspers eingeführt hat. Nach unseren heutigen, auf die *individuelle* Verantwortung des Einzelnen zugeschnittenen moralischen Maßstäben ist der genaue Ort von *kollektiver Haftung* nicht einfach zu bestimmen. Von Kollektiv*schuld* war immer nur polemisch aufseiten derer die Rede, die auch eine *Haftung* ablehnten. Kann die Herkunft aus gleichsam vergifteten Lebensverhältnissen eine besondere Art von Verantwortung stiften? Reemtsma jedenfalls möchte wissen, was genau die Quelle unserer Verstörung ist, und warum diese nur zu beschwichtigen, aber nicht zu beruhigen ist.
Was wir aus der Retrospektive am wenigsten verstehen, ist das Nebeneinander des normalen Alltagslebens, des unauffälligen Funktionierens einer hoch differenzierten Gesellschaft auf der einen und des extremen Grauens einer exzessiven Gewaltkriminalität auf der anderen Seite – denn diese hinterließ ja in der Normalität sehr wohl erkennbare Spuren: »Wie konnte das Extrem des Grauens zur Normalität werden?« Diese Frage stellte sich nach 1945 aus der Retrospektive auf eine fremd gewordene Gesellschaft, »deren Zustand wir [jedoch] nicht als regressiven Schub in eine Vormoderne abtun [können], weil sie in zu vielen Zügen und Kontinuitäten mit unserer Gesellschaft verbun-

den ist«. Ich kann die drei Schritte von Reemtsmas wichtigem Grundgedanken nur kurz andeuten:
– In der frühen Bundesrepublik erzeugte diese unbeantwortete Frage gleichzeitig den Wunsch, die »erschütterte emotionelle Balance« wiederzugewinnen. Aber die nun einsetzenden Versuche, die Gegenwart zu »normalisieren«, verstärkten nur das irritierende Unbehagen, das sie beseitigen sollten. Jan Philipp Reemtsma erkennt in den Normalisierungsversuchen sogar eine Fortsetzung genau jener sozialpsychologischen Dynamik, die die unmittelbare Vergangenheit inzwischen so fremd und unverständlich machte:

> »Die Wiedergewinnung der Normalität nach 1945 hat uns die Notwendigkeit eingetragen, die Nähe des Entsetzlichen nicht nur zu dulden, sondern herzustellen […], um sie nicht zu bemerken […]. Was die Volksgemeinschaft gemeinschaftlich beging, war nicht allein der Menge der Opfer, sondern der Menge der Täter und Komplizen wegen so ungeheuer, daß eine Ahndung wiederum nur mit Methoden wie Massenhinrichtungen und -internierungen möglich gewesen wäre […]. Daß das Nachkriegsdeutschland auf einem Schindanger errichtet worden ist und daß die Mehrheit der Schinder auf ihm in Pension gegangen ist, ist eine Tatsache, die emotionell niemals ganz begriffen werden kann.«

Diese schonungslosen Worte aus dem Jahre 1996 gewinnen noch einmal an Plausibilität durch die Veröffentlichung der Historikerkommissionen über das Auswärtige Amt und das Finanzministerium, über Handlungen und Unterlassungen der Beamten vor sowie deren Karrieren *nach* 1945.
– Aufgrund der eindrucksvollen historischen Forschungsarbeiten sind die Normalisierungsversuche seit den späten sechziger Jahren dem Bemühen um einen offensiveren Umgang mit der NS-Vergangenheit gewichen. Mit dem Blick auf diese Periode dringt Reemtsma zum Kern des Problems vor. Aber auch

die Historisierung des Geschehens kann die moralische Quelle der Beunruhigung nicht stopfen, sondern bestenfalls freilegen: »›Wie konnte das alles geschehen?‹ Ich denke, daß man diese Frage inzwischen ganz gut beantworten kann, aber man gleichzeitig zeigen kann, wie wenig […] damit gewonnen ist, daß man es kann.« Gewiss, verstehen heißt nicht verzeihen. Auch die objektivierende Darstellung von Geschichten, in welche die Akteure damals verstrickt waren, bedient sich einer intentionalistischen Sprache, in der die Handlungen aus Motiven und Umständen erklärt werden, ohne damit den handelnden Subjekten die Möglichkeit des Neinsagen-Könnens *abzusprechen*. Eine historische Erklärung muss den Ton jedoch auf diejenigen Motive legen, aus denen faktisch so und nicht anders gehandelt worden ist.

– Wenn sich aber diese Motive, zum Beispiel wegen der abgründigen Irrationalität der Gewaltausübung, dem gewöhnlichen Kanon der Alltagspsychologie entziehen, müssten sie so dargestellt werden, dass die Irritation des Lesers nicht verschwindet. In solchen Fällen kann nämlich der distanzierende Effekt der Geschichts*forschung* ungewollt dazu beitragen, in den plausibel erklärten Handlungszusammenhängen den gleichwohl vorhandenen Spielraum des Neinsagen-Könnens zu nivellieren. Das Problem, das sich daraus für die Geschichts*schreibung* ergibt, war schon während des Historikerstreites das Thema eines Briefwechsels zwischen Martin Broszat und Saul Friedländer.[3] Mit seinen beiden Wehrmachtausstellungen hat Jan Philipp Reemtsma der deutschen Öffentlichkeit das Geschehen an der Ostfront aus genau der Perspektive vorgeführt, aus der Saul Friedländer dann seine Geschichte des Holocaust geschrieben hat – nämlich »so, daß verständlich ist, wie es dazu hat kommen können […], aber gleichzeitig auch so, daß *sichtbar* bleibt – oder

---

[3] Martin Broszat/Saul Friedländer, »Um die ›Historisierung‹ des Nationalsozialismus. Ein Briefwechsel«, in: *Vierteljahrshefte für Zeitgeschichte* 4 (1988), S. 339-372.

erst wird –, daß die Ereignisse Taten gewesen sind, die hätten unterbleiben können.«

13.

Kenichi Mishima im interkulturellen Diskurs[1]

Ich erinnere mich an eine merkwürdige Erfahrung im Jahre 1982, während meiner ersten, sehr aufregenden fünf Wochen in Japan. Als ich in dieser undurchdringlich fremden, damals noch sehr förmlichen kulturellen Umgebung mit einem fließend Deutsch sprechenden Kollegen, Kenichi Mishima, ins Gespräch kam, durchzuckte mich der Gedanke: Der spricht ja besser Deutsch als wir. Nicht phonetisch, aber in den komplexen grammatischen Formen hörte ich ein literarisch gehobenes, ein gezirkeltes Thomas-Mann-Deutsch, dem noch etwas von der Distanz des Schriftlichen anhaftete, das aber im kolloquialen Fluss des gesprochenen Wortes seine natürliche Eleganz entfaltete. Nicht nur diese Naturbegabung hat Kenichi Mishima im interkulturellen Diskurs zu einer Ausnahmeerscheinung gemacht. Gleichviel, zu wem und über welches Thema er in aller Welt spricht, er tut es immer *auch* als Japaner, und zwar in dem hoch reflektierten Bewusstsein, dass niemand aus seiner kulturellen Haut heraus kann; aber ich bin bisher keinem anderen Japaner begegnet, der sich unter uns Europäern, besonders unter uns Deutschen, intellektuell so bewegt, als stecke er in *unserer* Haut.

Kein selbstkritischer deutscher Intellektueller hätte beispielsweise bei einer Veranstaltung zum 50. Jahrestag des 8. Mai 1945 aus intimerer Kenntnis und in engerer Tuchfühlung mit den kulturellen Verwerfungen der jüngeren deutschen Geschichte eine genauere Rede auf die mentalen Entwicklungen der al-

[1] Aus Anlass der Verleihung der Ehrendoktorwürde der Freien Universität Berlin an Kenichi Mishima am 17. Februar 2011.

ten und der damals beginnenden neuen Bundesrepublik halten können als Kenichi Mishima. Keiner von uns hätte wortgewaltiger die selbstbewusste Normalität des Alltags als Kern einer subversiven Demokratie feiern können – denn »der Nexus von großer Kunst und großer Politik ist [damals] gerissen«. Und doch wäre es nicht dieselbe Rede geworden, wenn, bei aller Übereinstimmung im Tenor, Heinrich Böll oder Günter Grass die Redner gewesen wären. Gefehlt hätte nämlich der herbe Stich des Blickes von außen. Denn im Vorbeigehen mokiert sich Mishima bei dieser Gelegenheit auch über den ethnozentrischen Aufklärungsstolz unserer Selbstkritik: »Damit reklamieren sie die europäische Aufklärung für sich. Die Beschlagnahmung geistiger Güter ist aber immer problematisch, wenn sie aufgrund einer gemeinsamen Sprache vollzogen wird.«
Heute feiern wir nicht nur den demokratischen Intellektuellen, der im Nachkriegsjapan bis heute seine kritische Stimme gegen die Gebildeten unter den Verächtern der Moderne erhebt. Denn lernen können wir nicht nur von dem intellektuellen Zeitgenossen, der uns über Parallelen und Unterschiede zwischen den mentalitätsbildenden Diskursen im Nachkriegsjapan und im Nachkriegsdeutschland unterrichtet. Belehrt werden wir erst recht durch den Gelehrten. Doch hier ist Vorsicht geboten. Der Umstand, dass der japanologische Fachbereich der Freien Universität heute einen Kollegen ehrt, könnte den Eindruck erwecken, Kenichi Mishima würde für seine großen Leistungen auf dem Gebiet der japanischen Deutschlandstudien und als der geniale Vermittler zwischen unseren Kulturen ausgezeichnet. Das mag schon so sein, und diese Verdienste will ich nicht schmälern. Aber ich weiß, dass kein disziplinär eingeschränktes Urteil der Substanz und der Wirkung von Mishimas verzweigtem Opus gerecht werden kann.
In dieser einen Person begegnen uns nämlich ein Literaturwissenschaftler und ein Philosoph, ein Sozialwissenschaftler und ein Historiker politischer Ideen, und in allem der Komparatist, der vergleichende Kulturwissenschaften betreibt. Diese fach-

übergreifenden Interessen kreisen allerdings um einen Fokus, um die kulturellen Bedingungen der gesellschaftlichen Modernisierung, für die Max Weber Mishima die Augen geöffnet hat. Seit einigen Jahren gehört Kenichi Mishima dem internationalen Beirat des Instituts für Sozialforschung in Frankfurt an; auch wenn diese Rolle eher dekorativer Natur sein mag, beflügelt sie meine Phantasie. Die Frage nach dem Zentrum von Mishimas akademischen Arbeiten könnte man vielleicht damit beantworten, dass dieser produktive Geist gut in den interdisziplinären Kreis um Horkheimer gepasst hätte, freilich in der subversiven Funktion eines Querdenkers, der diesen Alteuropäern bei aller Begeisterung für deren Programm den blinden Punkt ihrer Fixierung auf die westliche Moderne zu Bewusstsein gebracht hätte.

Die Diskussion über Max Weber hat in Japan eine lange Tradition; dort brauchte er nicht erst wie bei uns, auf dem Wege eines amerikanischen Reimports Anfang der sechziger Jahre, als Klassiker installiert zu werden. Um das sogenannte »Geheimnis der gelungenen Modernisierung« in Japan zu lüften, hatte man auf der Linie von Max Weber lange Zeit nach religiösen Äquivalenten für die unternehmerische Schicht der protestantischen Sekten gesucht. Mishima hat dieser Forschung eine andere Richtung gewiesen. Er verfolgt die Frage, ob nicht – anstelle des religiösen Bewusstseins »eine gewisse kulturelle Mentalität, [...] die für die Übernahme der modernen Funktionsapparate empfänglich war«, eine kapitalistische Modernisierung in Japan möglich gemacht hat. Der Perspektivenwechsel von der Religions- zur Kultursoziologie lenkt den Blick auf die merkwürdige Ergänzung der autoritären Herrschaftsstrukturen durch eine, wenn auch politisch gewissermaßen eingedämmte ästhetische Moderne, deren subversive Gehalte nicht in einen breiter gestreuten politisch-kulturellen Einstellungswechsel entbunden werden konnten. Aus diesem Blickwinkel drängen sich interessante Parallelen zwischen dem kaiserlichen Deutschland und dem Japan nach der Meiji-Restauration auf.

Mishimas Gesellschaftstheorie ist empfindlich für die kulturelle Vielfalt der Modernisierungsprozesse; zugleich hütet sie sich davor, kulturelle Überlieferungen zu geschlossenen Totalitäten aufzuspreizen. Heute löst die globale Ausbreitung derselben Kommunikationsmedien, derselben Märkte, derselben administrativen und gesellschaftlichen Infrastrukturen auf ganz verschiedenen Zivilisationspfaden dieselbe, auch aus Europa bekannte Dialektik von Tradition und Moderne aus. Die Prägekraft einer selbstbewussten Aneignung der gesellschaftlichen Moderne aus jeweils eigenen kulturellen Ressourcen lässt, wenn es gut geht, viele Modernen entstehen. In dieser Dimension bewegen sich Mishimas wissenschaftliche Interessen und öffentliche Interventionen. Hier haben seine Studien ihren eigentlichen Ort.

Zwar muss jede Nation und jede Region einen solchen Aneignungsprozess aus eigener Kraft bewältigen, aber sie können das nur in der Kommunikation mit anderen Kulturen. Diese anstrengenden Prozesse vollziehen sich auf offener Bühne, auf der jeder jeden beobachtet und jeder von den Beobachtungen der anderen affiziert wird. Das Selbstbild ist immer auch ein Reflex der Bilder vom Eigenen im Anderen. Dieser verwirrende Echoraum ist Mishimas Forschungsterrain. Weil sich aber militärische Gewalt und imperiale Macht mit asymmetrischen Einflussnahmen auf das kulturelle und religiöse Selbst- und Weltverständnis verflechten, sind es vor allem die Pathologien der nachkolonialen Weltlage, denen Mishima nachgeht. Die Dynamik der Beziehungen zwischen West und Ost, die im 18. Jahrhundert noch, etwa zwischen Frankreich und China, von wechselseitiger Neugier bestimmt war, ist seit dem kolonialen Imperialismus des 19. Jahrhunderts völlig aus der Balance geraten.

Mishimas faire und hartnäckige Reflexionsarbeit dient der Korrektur von Beschädigungen des postkolonialen Zeitalters, in die auch das nicht kolonisierte Japan verstrickt worden ist. Im Hinblick auf das eigene Land operiert Mishima an den Symptomen einer Mischung »aus Selbstdemütigung und Selbstbehauptung«. Den »japanischen Okzidentalismus« begreift er als Reflex der Unterworfenen auf die Projektionen eines Siegers, der sich in einem borniertem Selbstverständnis verschanzt:

> »Die von den Europäern bezwungenen Menschen neigen dazu, sich selbst mit den mal falsch, mal richtig imitierten europäischen Augen einzuschätzen. In diesen beiden Faktoren, nämlich in der europäischen Konstruktion des ›Anderen‹ und in der Bereitwilligkeit dieser ›Anderen‹, ihr Selbstbild wiederum gemäß der übernommenen europäischen Perspektive zu modellieren, liegt der Grund für den Konstruktionscharakter, sowohl der ›europäischen‹ wie auch der ›anderen‹ Identität.«

Den geheimen Maßstab der klinischen Untersuchungen bildet die Überzeugung, dass wir aus dem Schatten des Kolonialismus erst wirklich heraustreten, wenn sich ein reziprokes Verständnis für die jeweils andere Moderne und für deren unvertrauten kulturellen Hintergrund einspielt. Manchmal scheint wenigstens in den Mauern der Universität ein Vorgriff auf eine ungezwungene Perspektivenübernahme möglich zu sein. Wenn Mishima die berühmte Konzeption des *do* oder des »Weges« aus der japanischen, beispiellos *verschmelzenden* Rezeption der drei großen ostasiatischen Lehren der Achsenzeit, also des Taoismus, Buddhismus und Konfuzianismus erklärt, ist es in der anschließenden Diskussion fast schon gleichgültig, wer von den Experten aus dem Westen, wer aus dem Fernen Osten stammt. Im Austausch von Argumenten kann jeder von jedem lernen.

Auch Mishima hat, wie wir alle, von Benjamin und Adorno gelernt – auch von Heidegger; der politisch kodierten Rezeption von Heideggers Spätwerk in Japan hat er übrigens einen Artikel gewidmet mit dem schönen Titel »Über eine vermeintliche Affinität zwischen Heidegger und dem ostasiatischen

Denken«.² Der Auseinandersetzung mit Heidegger und Benjamin verdanken wir Überlegungen des Philosophen Mishima, die man als den methodischen Ertrag seiner kulturwissenschaftlichen Arbeiten verstehen kann. Lassen Sie mich zum Schluss auf diesen originellen Beitrag zur Hermeneutik noch kurz eingehen.

Welche Einstellung soll der Historiker zur Überlieferung einnehmen? Mishima findet einen Anknüpfungspunkt in dem Wort des Grafen Yorck, auf das Heidegger in *Sein und Zeit* Bezug nimmt: Yorck spricht vom »Grundcharakter der Geschichte als ›Virtualität‹«. Mishima – darf ich in diesem Zusammenhang sagen, der ehemalige Jesuitenschüler Mishima? – möchte im Historiker den Sinn für die Möglichkeiten eines krisenhaften Neubeginns, für »das Immer-wieder-neu-ansetzen-können« wecken. Einerseits wendet er sich gegen einen Traditionalismus, der sich bloß »im warmen Schoß der Kontinuität der geistigen Substanz« räkelt. Andererseits ist er mit dem Ikonoklasmus der Linken, die ganz auf Diskontinuierung setzt, auch nicht einverstanden. Vielmehr sollen wir aus dem praktisch erschlossenen Horizont der eigenen Zukunft auf *die Potenziale* der Vergangenheit zurückgreifen, auf jene Umbruchphasen, in denen Neues entstanden ist – oder hätte entstehen können. Gleichzeitig lässt sich eine solche Hermeneutik von »den nicht-verwirklichten vergangenen Möglichkeiten« zu einer radikalen Distanzierung von der eigenen Gegenwart anregen. Das bedeutet keine Feier des Kontinuitätsbruches; denn auch im Verwerfen, in der Revision alter Irrtümer behauptet sich die Kontinuität eines Lernprozesses.

Ist es falsch, aus diesem komplexen Gedanken eine Warnung des politischen Intellektuellen herauszulesen? Will Mishima seine Zeitgenossen in Japan und in Deutschland warnen, nicht hinter die Möglichkeiten zurückzufallen, die das Jahr 1945 für

---

2 In: Dietrich Papenfuss/Otto Pöggeler (Hg.), *Zur philosophischen Aktualität Heideggers*, Bd. 3, *Im Spiegel der Welt: Sprache, Übersetzung, Auseinandersetzung*, Frankfurt am Main: Klostermann 1992, S. 325-341.

beide Länder auch eröffnet hat? Ich gratuliere der Freien Universität, sich einen freien Geist als Ehrendoktor auserkoren zu haben – und Ihnen, lieber Herr Mishima, zu dieser verdienten Anerkennung.

14.

Aus naher Entfernung
Ein Dank an die Stadt München[1]

Sehr verehrter, lieber Herr Ude, ich habe Sie während der beiden Jahrzehnte Ihrer Amtszeit bei öffentlichen kulturellen Anlässen oft und mit zunehmender Bewunderung sprechen hören. Diese Reden zehren offensichtlich von der Energiequelle einer nicht erlahmenden Neugier und der Fähigkeit, sich auf andere Personen einzulassen. Da ich heute selber zum Objekt einer solchen Übung avanciert bin, kann ich aus der Perspektive eines Betroffenen diese Qualität eines Oberbürgermeisters, der keine Abnutzungseffekte zeigt, zuverlässig bestätigen. Als alter Kollege habe ich mich besonders darüber gefreut, dass ein so kompetenter und angesehener Philosoph wie Julian Nida-Rümelin die Mühsal einer so freundschaftlich-kenntnisreichen Laudatio auf sich genommen hat. Ich habe ja das Glück, in der Beurteilung dieses Genres allmählich ein Fachmann geworden zu sein – diese konzentrierte Rede ist eine Meisterleistung gewesen.

Auch wenn man von dieser Rede alles Persönliche abzieht, fällt von den glänzenden Worten des Lobredners noch genügend Licht auf das Fach der politischen Philosophie selbst, das wir beide vertreten. Allerdings haben Platons Ausflüge nach Syrakus nachhaltige Irritationen hinterlassen, vor allem den Zweifel daran, ob die Philosophie überhaupt etwas Nützliches für die Politik leisten kann. Obwohl ein namhafter Philosoph im Amt des Kulturstaatsministers die Tauglichkeit unseres Faches für die Praxis längst bewiesen hat, schwelt unter Politikern und

---

[1] Aus Anlass der Verleihung des Kulturellen Ehrenpreises der Landeshauptstadt München am 22. Januar 2013.

im großen Publikum immer noch das Vorurteil, dass die politische Philosophie bestenfalls eine Ressource für folgenlose Sonntagsreden ist.

Diese Frage kam mir in den Sinn, als ich überlegte, womit ich heute Abend die Jury, trotz dieses verbreiteten Soupçons, darin bestärken könnte, auch dieses Mal die richtige Entscheidung getroffen zu haben. Ich wollte das Vorurteil gegen die politische Philosophie entkräften und hatte mir vorgestellt, die Klärung eines Begriffs vorzunehmen – Begriffsklärung ist ja das, was Philosophen noch am besten können. Dann wollte ich den analytisch scharf gemachten Begriff am Schluss wie einen Sprengsatz in einen aktuellen politischen Kontext einführen. Ich dachte an den eigentümlichen Begriff der Solidarität. Ich wollte diesen relativ jungen, aus der Französischen Revolution hervorgegangenen Begriff zunächst von Moral und Gerechtigkeit unterscheiden, um ihm das Muffigmoralische und Gutmenschenhafte, das ihm von den sogenannten Realisten gerne angehängt wird, abzustreifen.

Es wäre eine einfache Überlegung gewesen: Wenn wir uns solidarisch verhalten, tun wir zwar mehr, als die moralische Pflicht oder das geltende Recht von uns verlangen; aber eine Solidaritätserwartung fordert weniger von unserem guten Willen als ein moralisches Gebot. Solidarität funktioniert nämlich nur auf Gegenseitigkeit; das einzige moralische Element steckt in einer Vorleistung. Freilich müssen beide Parteien schon in ein Geflecht wechselseitiger funktionaler und sozialer Abhängigkeiten verwickelt sein. Dann handelt der eine, der mit dem anderen solidarisch ist, langfristig auch im eigenen Interesse, weil er darauf vertrauen kann, dass sich der andere in einer vergleichbaren Situation schon aus Klugheit ähnlich verhalten wird.

Sie ahnen schon, dass sich für eine solche Vorlesung die Bilder vom Euro-Krisen-Gerangel der Regierungschefs in Brüssel als eine Art Unterrichtshilfe angeboten hätten. Das grobe Echo, das dieses sportliche Tauziehen zwischen Geber- und Nehmerländern in unseren nationalen Öffentlichkeiten gefunden hat, hätte sich geradezu aufgedrängt, um der sterilen Begriffsarbeit des Philosophen ein wenig Farbe und Anschauung zu verleihen. Und Sie antizipieren jetzt auch, wie wenig sich der analytisch geklärte Begriff der Solidarität mit dem Gebrauch decken würde, den die Bundesregierung von dem gleichlautenden Wort macht, wenn sie ihr großzügig geschnürtes Bündel aus Kreditzusagen und Sparpolitiken als Ausdruck ihrer »Solidarität« mit den Schuldenländern anpreist und dies, obwohl der deutsche Fiskus an den hohen Zinsen der Krisenländer obszönerweise auch noch verdient, während in Spanien jeder zweite Jugendliche arbeitslos ist. In diesem Zusammenhang wollte ich dann den Begriff in der Frage detonieren lassen: Spiegelt sich vielleicht in den hohen demoskopischen Zustimmungsraten, die die Krisenpolitik der Bundesregierung hierzulande genießt, auch die Dankbarkeit für die hilfreiche Beschwichtigung eines schlechten Gewissens? Sind wir der Regierung, die unser Geld zusammenhält, nicht auch dafür dankbar, dass sie uns das peinliche Thema einer fälligen, aber unterlassenen Solidarität mit den Südländern verdrängen hilft?

Um ehrlich zu sein, ich hatte dieses hier nun kurz resümierte Gedankenspiel sogar schon zu Papier gebracht, aber dieser Entwurf hat die häusliche Zensur nicht passiert. Meine Frau, immer schon die erste und strengste Kritikerin, riet mir, ich solle diesen freundlichen Abend anstelle der philosophischen Abstraktionen lieber für etwas Nettes, etwas Leichtfüßiges nutzen. Was Sie heute Abend hören, ist das Resultat dieser unlauteren Überforderung. Ich habe mir nämlich dann, in der Hoffnung auf einen kreativen Schub, die stattliche Liste der 55 Träger dieses Preises aus dem Internet heruntergeladen – was mochten sie bei gleicher Gelegenheit gesagt haben?

Der einzige andere Philosoph, den ich in dieser wahrhaft rühmlichen Reihe entdeckte, hat sehr früh, im Jahre 1960, diese Auszeichnung erhalten – unmittelbar nach Werner Heisenberg und Bruno Walter, und gefolgt von Karl Schmidt-Rottluff und Fritz Kortner. Es war Martin Buber. Als Student habe ich von Buber, nach dessen erster Rückkehr aus dem Exil, einen Vortrag gehört. An den eindrucksvollen Auftritt der kleinen Gestalt des weißhaarigen und vollbärtigen Alten, des Weisen aus Israel, habe ich eine lebhafte Erinnerung behalten. Wohl vor allem deshalb, weil das Ereignis selbst und die Erscheinung, also das Performative, den Inhalt des Vortrages ganz überschatteten. Eben deshalb konnte diese Erinnerung auch keine Orientierungshilfe für den heutigen Abend bieten.

Natürlich gibt es andere Talente unter den bisherigen Preisträgern, die für solche Anlässe gewissermaßen von Haus aus geschaffen sind, Dieter Hildebrandt etwa oder ein launig-spontaner Geist wie Hans Magnus Enzensberger, der vor Intelligenz sprüht und in jeder Situation das rechte Wort findet. Einfacher als für mich muss die Aufgabe auch für Literaten wie Erich Kästner, Wolfgang Koeppen oder Tankred Dorst gewesen sein, konnten sie doch ihre Schreibroutinen einfach fortsetzen. Für Psychoanalytiker wie Alexander Mitscherlich mag die Schwelle zwischen der Couch und der Öffentlichkeit eines Rathauses ohnehin niedrig gewesen sein. Und von den vielen berühmten Schauspielern und Regisseuren, Musikern, Komponisten und Malern unter den Preisträgern hatten die meisten hier in München eine glanzvolle Karriere zurückgelegt; sie haben die Münchner Kultur so sehr in eigener Person verkörpert, dass sie an einem solchen Abend ihre Rolle einfach weiterspielen konnten. All das traf auf mich offensichtlich nicht zu.

Schließlich fand ich auf der Liste noch eine Reihe von Freunden wie Joachim Kaiser, Alexander Kluge, Michael Krüger oder Ulrich Beck; sie hatten in den Münchner Verhältnissen tiefe lebensgeschichtliche Wurzeln geschlagen – wie auch Rachel Salamander, die zwar auf schicksalhafte Weise an dieses Ufer gespült worden ist, jedoch heute eine weit über die Grenzen der Stadt hinaus wahrgenommene Position einnimmt. Sie alle konnten aus dem ihnen vertrauten lokalen Gewebe heraus ein Thema entwickeln. Aber was kann ich schon über München sagen? Allenfalls etwas sehr Prosaisches: Ich kann sagen, wie sich diese viel besungene und immer noch leuchtende Metropole des Südens aus *naher Entfernung* anfühlt.

Meine Frau und ich wohnen seit vier Jahrzehnten in Starnberg, einer Stadt, die aus einem Fischerdorf erst vor 100 Jahren zur Stadt herangereift ist, nachdem dort die venezianische Konstruktion des schönen Bahnhofsgebäudes errichtet, also der Eisenbahnanschluss an die Residenzstadt des bayerischen Königs hergestellt worden war. Dank eines beruflichen Zufalls bin ich dort zu Hause. Heimatgefühle habe ich freilich erst, wenn ich ins Rheinland fahre, wo schon der vertraute joviale Tonfall der Bonner, Kölner und Düsseldorfer eine verlässlich zivile Mentalität ausstrahlt. Etwas zwiespältige Emotionen verspüre ich in meiner Heimatstadt, wo ich zunächst glücklich, später mit den Ambivalenzen des Jugendlichen aufgewachsen bin. Demgegenüber habe ich eine fast sentimentale Bindung an Frankfurt, wo sich die Erinnerungen eines erfahrungsreichen und dynamischen Lebensabschnittes an vielen Orten festgesaugt haben. Aber zu Hause bin ich in Starnberg, wo ich inzwischen zu meinem Erstaunen länger lebe, als es an jedem der anderen Orte der Fall war. Und damit komme ich zu München.

Denn Starnberg ist kein in sich ruhendes Universum wie beispielsweise Weilheim. Es ist auf Ergänzung angewiesen. Man kann in Starnberg nicht leben, ohne nach Süden den Blick über den See auf die vom Föhn zum Greifen nahegerückte Alpenkette zu richten, auch nicht ohne einem Sog zum Wandern nachzugeben. Denn die Stadt öffnet sich bereitwillig zu der von Bicheln und Zwiebeltürmen geprägten Landschaft des Pfaffenwinkels bis nach Murnau, Eschenlohe, Kochel und Bad Tölz. Aber ebenso wenig kann man in Starnberg leben ohne den S-Bahn-Kontakt mit der großen Stadt im Norden. Autark ist das wohlhabende Starnberg natürlich im Hinblick auf seine Infrastruktur – von den Schulen und Apotheken bis zu den Banken, vom Krankenhaus bis zum Wochenmarkt. Es gibt sogar ein Äquivalent zu Dallmayr oder Käfer, und der Fischladen ist ohnehin super. Doch München muss für alles da sein, was sonst noch fehlt. Diese Zweiteilung ist charakteristisch für die eigenartige Beziehung, die sich zu diesem Zentrum aus naher Entfernung einstellt.

München ist die Stadt, in der ich übernachtet, aber nie gelebt und nie gearbeitet habe, die ich gleichwohl wie ein Lebensmittel brauche, in kurzen Abständen immer wieder aufsuche, wenn auch nicht einfach so, sondern stets gezielt zu bestimmten Anlässen. So haben meine Frau und ich die Operninszenierungen von Sir Peter Jonas verfolgt, wir kennen die Ära Dorn auf beiden Seiten der Maximilianstraße, wir haben beobachtet, wie im Haus der Kunst jeder neue Direktor eine andere Einstellung zur NS-Patina einnimmt, wir erinnern uns an die Auseinandersetzungen um Beuys in Armin Zweites Lenbachhaus, wir besuchen auch die anderen Museen mehr oder weniger regelmäßig, gehen zu der ein oder anderen Veranstaltung in den Gasteig, zu Vorträgen in die fremdgebliebene Universität usw. Fast alle Freunde wohnen in München, und inzwischen finde ich mich sogar im Lehel zurecht. Gleichwohl hat für mich nicht nur die Universität, sondern die Stadt im Ganzen, diese attraktive Stadt mit ihren schönen Barockkirchen, den herausgeputzten Fassaden, dem eigentümlichen Maximiliansstil, dem aufragenden Engel und dem gezirkelten Königsplatz ein Element des Fremdgebliebenen behalten.

Indem ich mein Verhältnis zu München so skizziere, geht es mir um eine bestimmte Phänomenologie der nahen Entfernung. Das merkwürdige Oszillieren zwischen dem Vertrauten und dem nur Gutbekannten, das nach all den Jahrzehnten natürlich gar nichts mehr von einer bloß touristischen Bekanntschaft an sich hat, verschwindet nicht. Es bleibt eine Differenz. Mit einer eingelebten urbanen Umgebung und dem eingewöhnten und eingewohnten Stadtquartier vertraut zu *sein*, also *in* einer Welt zu leben, ist das eine; etwas anderes ist die selektive Vertrautheit mit den kulturellen Adern eines reich gestalteten städtischen Organismus. Vielleicht erschließt sich der kulturelle Reichtum Münchens, wegen des gewissen ostentativen Charakters seiner höfischen Herkunft, aus der nahen Distanz sogar deutlicher und zeigt sich profilierter als von innerhalb seiner Mauern. Wie dem auch sei, der dankbare Nutznießer aus Starnberg empfindet die Verleihung des Kulturellen Ehrenpreises als einen Akt der umarmenden, die verbleibende Distanz jedoch großzügig tolerierenden Eingemeindung.

Nachweise

(1) »Grossherzige Remigranten. Über jüdische Philosophen in der frühen Bundesrepublik. Eine persönliche Erinnerung«, in: *Neue Zürcher Zeitung* (2. Juli 2011), S. 21.

(6) »Der nächste Schritt für Europa«, Interview mit Hubert Christian Ehalt und Claus Reitan, in: *Die Furche* (Mai 2012), S. 4-5.

(7) »Politik und Erpressung. Ach, Europa. Die Krisenverursacher kassieren die Gewinne, und die Bürger zahlen die Zeche. Rede bei der Entgegennahme des von der hessischen SPD verliehenen Georg-August-Zinn-Preises«, in: *Die Zeit* (6. September 2012), S. 50.

(8) Diskussionsbeitrag im Rahmen des »Forum Europa« auf dem 69. Deutschen Juristentag 2012 in München, abgedruckt in: *Verhandlungen des 69. Deutschen Juristentags*, Bd. II/1, *Sitzungsberichte – Referate und Beschlüsse*, München: C.H. Beck 2013, S. Q10-Q49.

(9) »Demokratie oder Kapitalismus? Vom Elend der nationalstaatlichen Fragmentierung in einer kapitalistisch integrierten Weltgesellschaft«, in: *Blätter für deutsche und internationale Politik* 5/2013, S. 59-70.

(10) »Jahrgang 1929. Er lebt, denkt und schreibt aus der Erfahrung einer Generation, der es nicht möglich war, zur Zäsur von 1945 nicht Stellung zu nehmen. Eine Oxforder Rede zum achtzigsten Geburtstag von Ralf Dahrendorf«, in: *Frankfurter Allgemeine Zeitung* (2. Mai 2009), S. 35.

(11) »Bohrungen an der Quelle des objektiven Geistes. Laudatio bei der Verleihung des Hegel-Preises an Michael Tomasello«, in: *Westend* 7/1 (2010), S. 166-170.

(13) »Er zeigt auf unseren blinden Fleck. Wie Kenichi Mishima die Welt bewohnbar macht«, in: *Frankfurter Allgemeine Zeitung* (18. Februar 2011), S. 33.

edition suhrkamp
Eine Auswahl

Giorgio Agamben. Herrschaft und Herrlichkeit. Zur theologischen Genealogie von Ökonomie und Regierung. Übersetzt von Andreas Hiepko. es 2520. 360 Seiten

Giorgio Agamben et al. Demokratie? Eine Debatte. Übersetzt von Tilman Vogt u. a. es 2611. 137 Seiten

Louis Althusser. Für Marx. Vollständige und durchgesehene Ausgabe. Übersetzt von Werner Nitsch u. a. Herausgegeben und mit einem Nachwort von Frieder Otto Wolf. es 2600. 408 Seiten

Valentin Akudowitsch. Der Abwesenheitscode. Versuch, Weißrussland zu verstehen. Übersetzt von Volker Weichsel. es 2665. 204 Seiten

Arjun Appadurai. Die Geographie des Zorns. es 2541. 158 Seiten

Jakob Arnoldi. Alles Geld verdampft. Finanzkrise in der Weltrisikogesellschaft. es 2590. 92 Seiten

Nanni Balestrini. Tristano. es 2579. 120 Seiten

Zygmunt Bauman. Wir Lebenskünstler. es 2594. 206 Seiten

Ingolfur Blühdorn. Simulative Demokratie. Neue Politik nach der postdemokratischen Wende. es 2634. 304 Seiten

Carla Blumenkranz u. a. (Hg.). Occupy! Die ersten Wochen in New York. edition suhrkamp digital. 94 Seiten

Friedrich von Borries, Jens-Uwe Fischer. Heimatcontainer. Deutsche Fertighäuser in Israel. es 2593. 200 Seiten

Susan Buck-Morss. Hegel und Haiti. Für eine neue Universalgeschichte. Übersetzt von Laurent Faasch-Ibrahim. es 2623. 221 Seiten

Boris Buden. Zone des Übergangs. Vom Ende des Postkommunismus. es 2601. 213 Seiten

Bernd Cailloux. Der gelernte Berliner. Sieben neue Lektionen. es 2563. 251 Seiten

Colin Crouch
- Postdemokratie. Übersetzt von Nikolaus Gramm. es 2540. 159 Seiten
- Das befremdliche Überleben des Neoliberalismus. Postdemokratie II. Übersetzt von Frank Jakubzik. es-Sonderdruck. 247 Seiten

Max Dax. Dreißig Gespräche. es 2558. 330 Seiten

Matthias Dusini, Thomas Edlinger. In Anführungszeichen. Glanz und Elend der Political Correctness. es 2645. 297 Seiten

Gudrun Ensslin, Bernward Vesper. »Notstandsgesetze von Deiner Hand«. Briefe 1968/1969. es 2586. 289 Seiten

David Foster Wallace. Schicksal, Zeit und Sprache. Über Willensfreiheit. es 2653. 207 Seiten

Heiner Flassbeck. Zehn Mythen der Krise. edition suhrkamp digital. 59 Seiten

Mischa Gabowitsch. Putin kaputt!? Russlands neue Protestkultur. es 2661. 438 Seiten

Mark Greif
- Bluescreen. Essays. Herausgegeben und übersetzt von Kevin Vennemann. es 2629. 231 Seiten
- Hipster. Eine transatlantische Diskussion. Herausgegeben von Mark Greif u. a. es-Sonderdruck. 206 Seiten

Durs Grünbein. Die Bars von Atlantis. Eine Erkundung in vierzehn Tauchgängen. es 2598. 60 Seiten

Jürgen Habermas. Zur Verfassung Europas. Ein Essay. es-Sonderdruck. 129 Seiten

David Harvey. Rebellische Städte. Übersetzt von Yasemin Dincer. es 2657. 283 Seiten

Wolfgang Fritz Haug. Kritik der Warenästhetik. Gefolgt von Warenästhetik im High-Tech-Kapitalismus. es 2553. 350 Seiten

Wilhelm Heitmeyer (Hg.). Deutsche Zustände. Folge 10. es 2647. 335 Seiten

Claudia Honegger/Sighard Neckel/Chantal Magnin (Hg.). Strukturierte Verantwortungslosigkeit. Berichte aus der Bankenwelt. es 2607. 395 Seiten

Thomas Kapielski
- Mischwald. es 2597. 347 Seiten
- Sezessionistische Heizkörperverkleidungen. es 2680. 214 Seiten

Christian Kellermann/Henning Meyer (Hg.). Die Gute Gesellschaft. Soziale und demokratische Politik im 21. Jahrhundert. es 2662. 318 Seiten

Oliver Lepsius/Reinhart Meyer-Kalkus (Hg.). Inszenierung als Beruf. Der Fall Guttenberg. es-Sonderdruck. 215 Seiten

Martina Löw/Renate Ruhne. Prostitution. Herstellungsweisen einer anderen Welt. es 2632. 215 Seiten

Barbara Marković. Ausgehen. es 2581. 95 Seiten

Robert Menasse. Permanente Revolution der Begriffe. Vorträge zur Kritik der Abklärung. es 2592. 123 Seiten

Eduardo Mendieta/Jonathan VanAntwerpen (Hg.). Religion und Öffentlichkeit. es 2641. 196 Seiten

Stephan Moebius/Markus Schroer (Hg.). Diven, Hacker, Spekulanten. Sozialfiguren der Gegenwart. es 2573. 473 Seiten

Franco Moretti. Kurven, Karten, Stammbäume. Abstrakte Modelle für die Literaturgeschichte. es 2564. 138 Seiten

Valzhyna Mort. Tränenfabrik. Gedichte. es 2580. 86 Seiten

Sighard Neckel/Greta Wagner (Hg.). Leistung und Erschöpfung. Burnout in der Wettbewerbsgesellschaft. es 2666. 219 Seiten

Barbara Nolte, Jan Heidtmann. Die da oben. Innenansichten aus deutschen Chefetagen. es 2599. 202 Seiten

Miltiadis Oulios. Blackbox Abschiebung. Geschichten und Bilder von Leuten, die gerne geblieben wären. es 2644. 482 Seiten

Peter Rudolf. Das »neue« Amerika. Außenpolitik unter Barack Obama. es 2596. 168 Seiten

Werner Schiffauer. Nach dem Islamismus. Eine Ethnographie der Islamischen Gemeinschaft Milli Görüş. es 2570. 200 Seiten

Frank Schirrmacher, Thomas Strobl. Die Zukunft des Kapitalismus. es 2603. 198 Seiten

Andrzej Stasiuk. Tagebuch, danach geschrieben. es 2654. 176 Seiten

Aleš Šteger. Preußenpark. Berliner Skizzen. es 2569. 156 Seiten

Bernard Stiegler. Von der Biopolitik zur Psychomacht. Logik der Sorge II. es 2575. 203 Seiten

Mark Terkessidis. Interkultur. es 2589. 220 Seiten

Kevin Vennemann. Sunset Boulevard. Vom Filmen, Bauen und Sterben in Los Angeles. es 2646. 184 Seiten

Franz Walter
- Charismatiker und Effizienzen. Porträts aus 60 Jahren Bundesrepublik. es 2577. 405 Seiten
- Vorwärts oder abwärts? Zur Transformation der Sozialdemokratie. es 2622. 142 Seiten

Beat Wyss. Nach den großen Erzählungen. es 2549. 218 Seiten

Raul Zelik. Der Eindringling. Roman. es 2658. 288 Seiten

Slavoj Žižek. Auf verlorenem Posten. es 2562. 319 Seiten